U0291333

古建筑油漆彩画

（古建筑工程技术专业适用）

住房城乡建设部土建类学科专业『十三五』规划教材
全国住房和城乡建设职业教育教学指导委员会建筑
与规划类专业指导委员会规划推荐教材

十三五

《古建筑油漆彩画》编审委员会组织编写

杜　爽　编

孙耀龙　主审

中国建筑工业出版社

图书在版编目（CIP）数据

古建筑油漆彩画：古建筑工程技术专业适用 / 杜爽编；《古建筑油漆彩画》编审委员会组织编写 . —北京：中国建筑工业出版社，2019.11（2023.7 重印）

住房城乡建设部土建类学科专业"十三五"规划教材 全国住房和城乡建设职业教育教学指导委员会建筑与规划类专业指导委员会规划推荐教材

ISBN 978-7-112-24640-3

Ⅰ.①古…　Ⅱ.①杜…②古…　Ⅲ.①古建筑－涂漆－中国－高等职业教育－教材②古建筑－彩绘－中国－高等职业教育－教材　Ⅳ.① TU767

中国版本图书馆 CIP 数据核字（2020）第 010919 号

本书主要讲述中国古建筑中油漆作和彩画作工程的施工工艺，中国古建筑彩画艺术的分类、发展和设计及油漆彩画工程计量与计价等知识，具有文字描述翔实、施工技术、环节条理清晰等特点。本书分为油漆和彩画两部分，共计17个项目单元。本书中通过翔实的文字说明，对施工组织、施工环节、施工工艺等进行了条理清晰的描述，使学习者能从专业的角度理解传统建筑中油漆彩画的特殊工艺做法。

本书是古建筑工程管理、设计、施工人员及古建筑爱好者和初学者的一本工具书，也可作为相关专业课程的教学资料。为更好地支持本课程的教学，我们向使用本书的教师免费提供教学课件，有需要者请与出版社联系，邮箱：cabp_gzgjz@163.com。

责任编辑：杨　虹　周　觅
责任校对：李欣慰

住房城乡建设部土建类学科专业"十三五"规划教材
全国住房和城乡建设职业教育教学指导委员会建筑与规划类专业指导委员会规划推荐教材

古建筑油漆彩画
（古建筑工程技术专业适用）
《古建筑油漆彩画》编审委员会组织编写
杜　爽　编
孙耀龙　主审

*

中国建筑工业出版社出版、发行（北京海淀三里河路 9 号）
各地新华书店、建筑书店经销
北京雅盈中佳图文设计公司制版
北京中科印刷有限公司印刷

*

开本：787 毫米 ×1092 毫米　1/16　印张：12¾　字数：262 千字
2020 年 11 月第一版　2023 年 7 月第二次印刷
定价：39.00 元（赠课件）
ISBN 978-7-112-24640-3
（34255）

编审委员会名单

主　任：季　翔

副主任：朱向军　周兴元

委　员（按姓氏笔画为序）：

<table>
<tr><td>王　伟</td><td>甘翔云</td><td>冯美宇</td><td>吕文明</td><td>朱迎迎</td></tr>
<tr><td>任雁飞</td><td>刘艳芳</td><td>刘超英</td><td>李　进</td><td>李　宏</td></tr>
<tr><td>李君宏</td><td>李晓琳</td><td>杨青山</td><td>吴国雄</td><td>陈卫华</td></tr>
<tr><td>周培元</td><td>赵建民</td><td>钟　建</td><td>徐哲民</td><td>高　卿</td></tr>
<tr><td>黄立营</td><td>黄春波</td><td>鲁　毅</td><td>解万玉</td><td></td></tr>
</table>

前　言

　　中国传统建筑以其独具特点的文化及技术而自成体系，它是中华民族悠久文明的见证者，在如今的世界环境中，中国以强大的经济实力占据着稳固的地位，在雄厚经济实力的基础上，我们要做的是营造凸显中华文明的文化氛围，而中国传统建筑则是最具代表性，也是最具展示性、承载中华文明元素最多的载体之一。

　　古建油漆工艺与普通油漆工艺相比较有其特殊之处，这主要体现在材料的选用、工艺的组合以及施工方法等方面。其中，在工艺组合，尤其是在底层处理上自成一个完整的体系。大多数油漆工艺都是由两部分组成，即底层处理和表面油漆，古建油漆在底层处理上与普通油漆相比有着完全不同的工艺。古建油漆工艺经过长期发展，创造了一套完整的、科学的、系统的工艺体系，它通过复杂细致、多层次而又有机联系的地仗工艺，既能满足涂刷油漆前对外观形状的要求，又确保其本身的质量，同时施工起来又切实可行。古建油漆工艺具有独特的贴金工艺技术，它应用于油漆与彩画表面的重要部位，与古建彩画配合，使古建筑的装饰达到极高的水平。中国建筑彩画是中国建筑上特有的一种装饰艺术，它具有悠久的历史和卓越的艺术成就。人们可以从现存的古建筑及仿古建筑上领略到它的风采。北京的故宫、天坛、颐和园长廊等处的彩画都是有代表性的作品，给人们留下了极其深刻的印象。中国建筑彩画是一项珍贵的历史遗产，千百年来服务于中国古式木构建筑。今天，令人高兴的是这项古老的装饰艺术不仅用于古建筑的维修、复原及仿古建筑的装饰上，更重要的是它与现代建筑装饰相结合仍展示出强大的生命力。它们装饰于混凝土板、柱、梁、墙上及顶灯的周围，与其周围环境十分协调，既体现了建筑的高雅，又充分展示了艺术风格特色，成为彩画发展的方向。近几年国内各院校都在纷纷开设古建筑专业，虽培养的目标各有侧重点，但没有一套系统的教材和标准。古建筑行业的专家们也写了很多相关的专著，提供了大量丰富而宝贵的资料，对油漆和彩画中的施工、设计或纹样进行研究，这些资料丰富了学习者的资源但需要初学者花费大量的时间阅读、分类、整理。本书作者从多年的教学、实践和向专家学习的过程中，搜集了大量的资料，在此基础上，将油漆、彩画这一传统建筑中的施工环节和设计环节进行系统化的分类和整理，加上各工程项目的计量方法，使得内容更集中，条理清晰，覆盖面较广泛，适合初学者学习使用。

　　由于作者的水平有限，加之时间仓促，疏漏之处在所难免，恳切地希望广大读者批评指正。

编　者

目　录

古建筑油漆作

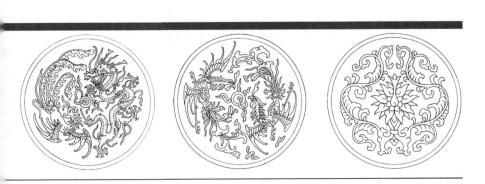

古建筑油漆彩画

古建筑油漆作

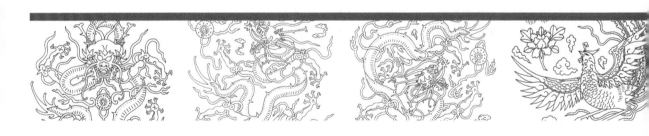

项目一　木件表面处理

按照传统工艺，在做油活地仗之前，无论木件是新换的还是原有保留下来的，外表面都需要处理，使得地仗牢固地与木件粘接在一起，经过处理的木构件不会因膨胀收缩而毁坏地仗。经验说明采取这些措施对保证工程质量非常重要，是行之有效的。

任务一　满砍披麻旧地仗

工具：斩砍地仗使用的工具有小斧子、磨刀石、小水桶、挠子。砍活时小斧子的斧刃倾斜使用，斜度大约在 45°。

斩砍：旧木件上的油灰、麻皮要全部砍净，残留在木件上的油灰、水锈污迹要用挠子挠净，这样做叫"砍净挠白"。

工艺的质量要求：砍净见木，不伤木骨，不损坏棱角线路，木件上糟杇的木质一定要全部砍掉挠净，露出新木茬，斧刃砍入木骨约 2mm 深，间距 4mm 左右。

应注意的问题

(1) 工具牢固，放置稳妥，以防坠落伤人。

(2) 要用专用工具，不可用木工斧子砍活，更不能乱砍伤其木质。

(3) 博缝板砍活以后再装梅花钉，各线口部位由扎线者或技术较好者砍。门窗、槅扇摘下后再砍抱框、上下槛。

(4) 装修斗栱、雕刻、椽望、连檐瓦口只清理不砍活。

任务二　局部斩砍旧地仗

工具：使用的工具同上。

局部斩砍：一些古建筑术件上的地仗一部分空鼓以至于脱落下来，而另一部分却质地坚硬牢固地粘按在木件上。这种情况下，可以砍掉空鼓不实的那一部分，保留质地坚硬的那一部分，这样做符合文物法保护古建筑的原则，也可以节约资金。

工艺的质量要求：需要斩砍地仗与旧地仗的交线，要砍成一条曲线，不能砍成一条折线，出现死尖角。当空鼓的旧地仗边线和木件裂缝重合或者正留在两件木件接缝处时，则应该向牢固地仗一侧多砍出 50mm 左右，保留的旧地仗边沿要砍出一个 30° 的小斜面。要求把空鼓的旧地仗全部砍净，不留残余，其他要求同前。

应注意的问题

(1) 工具牢固，放置稳妥，以防坠落伤人。

(2) 要用专用工具，不可用木工斧子砍活，更不能乱砍伤其木质。

(3) 博缝板砍活以后再装梅花钉，各线口部位由扎线者或技术较好者砍。门窗、槅扇摘下后再砍抱框、上下槛。

(4）装修斗栱、雕刻、橡望、连檐瓦口只清理不砍活。

任务三　满砍单披灰，靠木油旧地仗

只在木件上做油灰地仗，不披麻的做法叫单披灰。

在木件上只刮一道血料腻子的做法叫做靠木油。

对于这两种地仗斩砍的斧刃间距要求在 2mm 左右，砍入木件的深度在 1mm 左右，其他工艺要求同前。

任务四　满砍新做木件

新做的木构件表面光滑、平整，不利于木件与地仗油灰的粘接，同样要使用小斧子将其光面砍麻，这样做似乎是在砍坏木件，实际上，是地仗工艺的第一道工序，不能从简。

斩砍新木件时，斧刃斜度掌握在 30° 左右，砍木件 1mm 左右深。木件表面的雨锈、杂物、木屑需用挠子挠净。

任务五　铲除

工具：铲刀、挠子、磨刀石、小水桶。

施工：木装修表面的油皮不能拿斧子砍，只能用铲刀铲掉，大木件的地仗不需砍掉，表面的油皮也要铲除，就要施用铲除这种工艺。

施工时，拿铲刀把油皮表面的疙瘩、爆起的油皮、木件接头、裂缝处松动的油皮铲掉，铲到地仗不松动的位置和深度处为止，不再继续往下铲了。而后，用挠子挠净，打扫清理干净。要求保留的旧地仗不松动，无爆皮，牢固的油皮上无疙瘩，茬边铲成坡面。

任务六　撕缝

木件风干以后，裂开的缝过窄，油灰颗粒大往往不能将缝填满，用工具把缝铲得稍大一些叫撕缝。

工具：铲刀、磨刀石、小水桶、扫帚。

施工：撕缝时，用铲刀把木件裂缝铲成"V"字形，缝内侧见到新木茬，以便油灰粘牢，门框、窗框线的线口要直顺，线宽占抱框看面宽度的 1/3，线口与抱框平面的夹角以 20° 为宜。撕缝工作要做得彻底，无论缝的宽度有多么大，或多么小，都要撕开成"V"字形。

局部找补的旧地仗，经过斩砍以后，用铲刀把保留的旧地仗边铲成 30° 的坡面，在麻口上刷一道生桐油，作为新旧地仗之间的结合层。

这道工序中要顺手把已经松动了的铁箍钉牢，铲净糟朽的木质，铁箍上的锈污用钢刷子打磨干净，除锈见新茬。

应注意的问题

(1) 2mm 以上的缝撕，小缝可不撕，撕的坡度要合理。

(2) 撕缝的同时将木件糟朽处，油皮松鼓处清除干净。

(3) 0.5cm 以上的缝撕得不宜过大，以免楦缝困难或灰厚不易干燥，夏天阴雨天易发霉长毛。

任务七　楦缝

木件的缝撕开清净以后，较宽的缝要用木条填齐钉牢，这种做法称做楦缝。木件裂缝宽度凡大于 0.5cm 的都要楦缝。

楦缝用的木条要使用红白松木料，开成 20mm 厚的板材，再锯成 1～2cm 宽的木条。按照裂缝宽度刨到木条宽度为宜，再用 1～3 寸的小钉钉牢。最后用刨子把木条刨到和木件表面一样平。

应注意的问题

(1) 要求楦缝达到楦实、楦牢、楦平的程度为止。

(2) 木件表面松动的皮层，也要钉牢，低凹不平的部分用薄板补平，孔洞、活节用木块补成相应的形状，要补平钉牢，防止漏楦。

(3) 楦缝连粘带钉时，等胶干好后再进行下道工序。

(4) 活节子和松油处应做特殊处理。

(5) 楦缝用料与楦处应为同一材质。

任务八　下竹钉

为了防止木件受外界温度、湿度影响膨胀收缩，引起裂缝宽度变化，造成地仗的开裂，用木缝中钉入竹钉的方法可以约束木材的变形，保证地仗不至于开裂。

下竹钉使用的工具：小锯、小斧子、扁铲。

施工：用小锯把竹子锯成 50～80mm 的竹段，再劈成 10mm 见方的竹条，一头铲出尖，铲净竹瓤，成竹钉。木件上的裂缝中间宽两头窄，中间下扁头竹钉，两头下尖头竹钉，竹钉的间距在 10～15cm 之间。先下两端，后下中间的竹钉，轻轻地敲入，钉入一定的深度以后，按顺序同时钉牢。

应注意的问题

(1) 如果裂缝中有抽筋木（一条裂缝被一条木丝皮子分为两条缝），应该在木筋的两侧呈梅花形下竹钉。

(2) 下竹钉工序无论在新木件还是在修缮工程中的旧木件上都要做，每条裂缝都得下钉，不得漏下才能保证地仗的质量。竹钉应用老竹、干竹。

以上两部分是做地仗的准备工作，下面介绍地仗施工过程。

项目二 一麻五灰地仗

"地仗"是指在未刷油之前，木质基层与油膜之间的部分，这部分由多层灰料组成，并钻进生油，是一层非常坚固的灰壳。这部分不仅包括麻层、布层。进行这部分工作便为地仗工艺。

地仗的材料做法是根据工程使用功能的需要而确定的，一麻五灰做法多使用在古建筑的柱子、檩、垫、枋、抱框、榻板、板墙等处，因要抹上五道油灰，披一层线麻，故称一麻五灰。

开始施工前要做好料具准备，使用的材料如地仗材料所述，必备的工具有：铁板一套、皮子一套、轧子、麻压子各一套、木桶、把柄子、线麻（经过加工的成品）、尺棍、糊刷、生丝头、磨刀石、布瓦片、轧鞔板、板子、砂纸、砂轮石等。

任务一 打油满

1. 熬灰油

灰油顾名思义是用于调制油灰，熬油是一项技术性很强的工作，由有经验的老师傅完成，油熬得不够火，拌成的油灰没劲影响质量，过火了，就报废一锅油。要达到熬一锅成功一锅就要严格按传统的熬油程序操作。

材料要求

生桐油：俗称生油，桐树或木油树的果实榨取的液体，油液应纯正无杂质。不能用桐油、梓油、蓖麻油混合油的代用品。

土籽面：土籽研磨而成，纯正无杂质，过 60 目箩（天然含二氧化锰的矿石，自然状态为褐色不规则颗粒，古人将其作为催干剂使用。原颗粒常用于熬炼光油。经加工碾磨成粉状后，可用于熬炼灰油以及作漆皮地仗材料）。土籽的外表面裹着很厚的一层黏土，添加前必须将土籽砸碎，漏出中间的黑色矿物质，故有"土籽打破头，力量大如牛"之说。

樟丹粉：又称红丹粉、铅丹粉，应细腻无颗粒感（又名红丹粉。为一氧化铅及过氧化铅的混合物。体沉，呈橘黄色，在古建筑油料中作为重金属催化剂加入灰油中，以及作为颜料加入颜料光油中）。

熟桐油在空气中可以发生吸氧自氧化反应，不能长期存放，故古建施工中熟桐油是现用现熬的。樟丹具有促使过氧化物形成的作用，樟丹对过氧化物的分解不起作用，而土籽可以促使过氧化物分解，减少自由基的量，使桐油不会因聚合过度而发生凝胶效应。土籽、樟丹所起的作用和现代涂料中的催干剂的作用是一致的。

在传统工艺熬制桐油过程中，加入土籽和樟丹这两种矿物质可以利用现代科学原理给予解释。其科学性表现在以下几个方面：

（1）从分子水平上而言，桐油是含有共轭三烯的不饱和油脂，它具有自氧化聚合作用，这种作用使这种植物油具有干燥成膜的能力。这种表面涂层材料具有疏水性而使木材具有一定的抗水侵蚀作用。

（2）在炼制桐油时，加入的土籽和樟丹主要成分分别为氧化锰和氧化铅。

（3）新熬炼的桐油具有在空气中不断吸氧作用，其吸氧作用主要形成过氧化物。过氧化物在分解时产生自由基而引发桐油继续发生聚合反应。

（4）在桐油发生聚合作用时，樟丹具有促进聚合反应进行的能力，且具有明显促进吸氧能力，土籽对过氧化物分解具有一定的作用。

（5）樟丹具有显著提高桐油黏度的作用，而土籽对其影响不大。

（6）合适的温度和引发剂可以使桐油聚合，分子量增大。如果温度过高，就会使桐油聚合过度而凝胶化，失去利用价值。因此，在熬制桐油时必须控制温度，使其分子量增大而又不至于凝胶化。合适的温度应控制在 180 ~ 200℃之间。

（7）土籽和樟丹在桐油聚合过程中的作用与当今油漆工业中主催干剂和助催干剂的作用一致，土籽可有效地促使过氧化氢基的分解，促使油膜的表层干燥。樟丹可以加快不饱和油吸氧的速度，对过氧化氢基的破裂似乎无效，所以干燥较慢，容易达到里层干燥的效果。传统工艺中调节土籽和樟丹的相对用量可以有效控制桐油聚合反应，从而控制桐油的成膜性能。

在传统工艺中，通过调节土籽和樟丹的比例可以实现对桐油性能的控制。其原理在于土籽在一定程度上具有抑制聚合作用，这不仅有利于炼制工艺控制，而且可以有效提高聚合物分子量，增加成膜性能，有利于调节油膜在不同条件下的成膜速度。这也许体现了中国传统哲学思想在一个体系中既存在促进作用又有抑制作用，利用两者之间的相互抗衡达到和谐。土籽抑制过氧化物形成等于减低引发剂用量，既增加聚合物分子量，有利于提高膜韧性，同时可加快膜表面干燥速度，加入樟丹促进膜从里面干燥，不会产生表层封闭而起皱的弊病。事实上，传统工艺中加入土籽和樟丹与现代涂层工艺中加入主、助催干剂调节成膜性能的基本原理没有什么实质区别。

以上就可以较好地解释传统工艺中"冬加土籽，夏加丹"的桐油熬制经验。冬天温度较低，同样的桐油其黏度较大，因此，对施工会产生不利影响。同时，冬天气压较大，氧气的分压较大，降低樟丹用量可以减少桐油在干燥过程中对氧气的吸收能力，从而有效控制交联聚合反应，降低由于氧化铅过多使交联反应过强而使油膜脆性变大的缺点。反之，在夏天，温度较高，且气压较小，氧气分压较小，提高樟丹用量可以提高桐油干燥过程中对氧气的吸收能力，弥补由于氧气不足所带来的油膜内部不易交联聚合而难于干燥的缺点。事实上，传统工艺中调节土籽和樟丹在桐油炼制中的相对用量在油膜干燥时表现出的相关现象也可以得到合理解释。如土籽较多时易于表面干燥，而樟丹较多时具有从内部干燥的特点。

熬炼灰油所需材料及配合比参见表 2-1。

灰油兑料配比表　　　　　　　　　表 2—1

季节	生桐油	土籽	樟丹	备注
春秋季	100	7	4	重量比
夏季	100	6	5	重量比
冬季	100	8	3	重量比

主要工具

铁锅、大勺、半截桶、开刀、水桶、温度表、铁盘。

作业条件

灶台于室外搭砌完好，装好烟筒。

安全防火措施得当，安全防护到位，并设专人负责防火工作。

工具清理干净，无湿气。

操作工艺

1）点火烧锅：材料、工具、防火措施等一切准备就绪后，把锅清洗干净，方可点火烧锅。

2）炒樟丹、土籽面：锅内无湿气后，将樟丹、土籽面按比例同时下锅，用大勺翻炒，分别炒也可以，炒得越干越好，樟丹炒至铁红色，土籽面炒至褐色。

3）生桐油入锅：随锅的温度升高，土籽面、樟丹的颜色由浅变深，呈开锅状时倒入桐油，用大勺抄底搅拌，待油开锅后，时刻注意油色、油沫的变化。

4）试油：油的颜色由樟丹色变成深褐色，油沫渐少时应不断地反复试油。试油方法：

（1）用开刀蘸油滴入水桶中，油成珠下沉，并迅速返于水面而不散，此时火候已到，应立即撤火出锅。如油滴入水中返于水面缓慢或不返于水面，说明油熬的火大了，应立即采取措施，否则熬油失败，造成损失。

（2）用开刀蘸油置冷水中片刻，轻轻甩掉水珠，将开刀两面的油收拢一起，用食指蘸油上提 3 ~ 5cm 高，油丝不断，视为熬油火候已到。

（3）用温度表测试。油开锅后，温度表的下端入油锅片刻，看油的温度，油温升至 180℃时说明熬油火候已到。如措施得当，可适当提高油温，熬出来的油更好使，又能保证地仗质量。

5）出锅：油熬好后，应立刻撤火，用土掩盖灶内炭火，同时将油迅速置半截桶内，不间断地搅拌、扬油，尽快使油温下降。油温在 50 ~ 60℃时，摸桶不烫手时盖纸眼待用。将熬油工具及现场清理干净。

质量要求

主控项目：

（1）所用材料的品种质量符合设计和选定样品的要求及有关标准规定。

（2）以"冬加土籽夏加丹"的传统习惯严格控制熬油火候。

一般项目：

（1）稠度适宜，结膜快，易干燥。

（2）出锅后迅速使油温下降，防止固化造成熬油失败。

成品保护

灰油随使随熬，不宜久存。

灰油置阴凉干燥处。切勿受雨淋日晒。

在桶内取油后，随时将纸眼沿桶的边缘揞下，纸眼紧贴油面，防止封皮造成浪费。

应注意的问题

（1）灶台应远离易燃物，设专人负责安全防火工作。

（2）油下锅前先撤火，油锅降温后再入油下锅，以免油锅温度过高造成油起火。

（3）为防止油温过高，出锅速度慢而使油硬化或起火，造成熬油失败，可准备一桶凉灰油，出锅时勾兑，使油温速降，避免损失。

（4）生桐油如存放时间较长，在熬油时应注意勿将桶底油倒入锅内，因桶底有水的沉积物，熬油时易起沫溢锅，容易引发火灾。

（5）雨天、雪天不宜熬油，以免溢锅或熬油失败。熬油时应采取防雨雪措施。

（6）灰油的纸眼、封皮或废弃物不得随意丢弃。夏天在日光下会自燃起火，应及时妥善处理。

2．打油满

油满是调油灰的粘接材料，用油满加水调成油浆。油满是由熟石灰水、灰油加精面粉拌合而成的稠状体。

材料要求

（1）白面：过去用土面，粮店的落地面，现多用普通白面，不发霉即可。

（2）灰油：自制而成，稠度适宜，易干燥。

（3）白灰块：又称石灰块。新块灰最好，新石灰粉也可以。

（4）油满材料配合比参见表2-2。

油满材料配合比（容积比）　　　　　　　　表2-2

材料	白面	石灰水	灰油
比例	1	1.3	1.9

主要工具

半截桶、水桶、木棒、油勺、把桶。

操作工艺

（1）将生石灰块置于水桶内，清水渐入，使之分解膨化后，注入一定量的清水，制成熟石灰水。灰、水比例（重量比）为1∶（3.5～4）。

（2）白面倒入半截桶内，加入少量熟石灰水，用木棒搅拌均匀，然后再加入石灰水并搅拌，无生面团、面疙瘩，成糊状即可。再加入灰油调制均匀，即成油满。整个过程称"打油满"。

质量标准

主控项目：

(1) 所用材料、面粉不受潮发霉，白灰浆要使用新块灰发制，灰油符合使用要求。

(2) 严格控制油、水比例。不应为降低成本而少放灰油。

一般项目：

无生面及面疙瘩，稠度适宜。

成品保护

(1) 油满夏季置阴凉处，冬季置室内以延长保质期。用湿布遮盖，防止封皮。

(2) 取油满后，及时将桶内侧清理干净，表面刮平，湿布盖好，否则封皮硬化造成浪费。

应注意的问题

(1) 根据用量多少，打油满的工具可大可小，灵活掌握。

(2) 适当控制用水量，以免油满过稀，影响工程质量。

(3) 油满夏冬季节易发酵受冻，应随打随用妥善保管。发酵或受冻后的油满不能使用，应妥善处理，不能污染环境。

使用油满有时间要求，春秋季节可以存放 3～5 日，夏季、冬季当日打出的满当天就要用完，否则，夏季发霉，冬季冻硬，都不能再用。

任务二 汁浆

在砍光挠净的木件上用刷子满刷一道稀底子油，又称汁浆，要刷严，刷到。这道工序起结合层作用。

材料要求——油浆调配

(1) 油浆配比——（容积比）油满∶血料∶水 =1∶20∶20。

(2) 油浆配置∶血料置桶内用木棒搅拌碎，加入油满搅拌均匀，最后加水调制。

操作工艺——汁浆

手持把桶或油桶，用护刷蘸浆，顺着木纹先上后下，先靸角后大面涂刷于木件上。大面积施工用喷浆机也可，但须先过箩。

质量标准

主控项目：

所用材料质量合格，油浆浓度适宜。楦缝用胶粘接，待胶干燥后再进行汁浆。

一般项目：

浆汁到汁匀不遗漏，防止流坠。油浆浓度不宜过大，以免出现结膜、灰与木质粘接不牢。

应注意的问题

(1) 油浆浓度切勿过稠，否则会挂甲、出亮，影响地仗与木件结合。

（2）油浆干燥后，方可进行下道工序。

（3）木件与木件的搭接缝及木件本身的裂缝不能忽略，应汁到为好。

（4）汁浆时做好相邻工作面的防护，防止滴漏污染。

任务三　发血料

新鲜的猪血油工称血料，购入施工现场，放在大缸盆里过铁纱箩（窗纱），血浆过出去，剩在箩上的血块再拿丝瓜瓤子在盆里搓细过箩成浆，去其杂物，反复过两次使血料达到精细无杂的程度。

材料要求

（1）血浆：新鲜猪血，最好不用猪注水后的血浆和兑水的血浆。

（2）石灰块：俗称生石灰块，新生石灰粉也可。

（3）水：自来水、井水、河水均可。

（4）材料配合比：

灰块：水 =1 : （3.5 ～ 4）（重量比）。

血浆：石灰浆 =100 : （8 ～ 10）（重量比）。

主要工具

大桶（大水缸也可）、24 目铁筛子、大勺、竹笤帚、水桶、半截桶、木棒。

操作工艺

（1）鲜血浆倒入桶内（水缸也可），用木棒搅拌开凝固的血块。

（2）用自制的小笤帚反复搅拌捞取血丝杂质后过箩。

（3）生石灰块置于水桶内，清水渐入使灰块分解膨化后，再倒入清水调制成稀浆，即成熟石灰水。

（4）将石灰水倒入过箩后的血浆内搅拌均匀、盖好，2 ～ 3 小时后发制成血料即可使用。

质量要求

主控项目：

（1）要使用新鲜猪血，不应使用其他动物血和代用品。

（2）血浆纯正，不应兑水和放盐。

一般项目：

稠度适宜，老嫩适度。

成品保护

（1）冬季置于室内，防止受冻，受冻的血料不能使用。

（2）夏天保质期 3 ～ 5 日，应置于阴凉处，切勿发酵，俗称"料回了"。发酵后的血料不能使用，要注意妥善处理，不能污染环境。

（3）血料应封盖好，并有防蝇措施。

应注意的问题

（1）血浆过箩时因黏性较大不易过滤，须带胶皮手套用力揉搓挤压方能漏下。万万不可因难过滤而兑水操作，以免影响血料质量。

（2）发制血料天气较凉，环境温度较低，发制时间较长或发制不成活时，可架桶点火加温，但酌情掌握火势、时间、桶温，避免发制失败。

（3）猪血发制的血料为上品，牛羊血发制的血料性脆、黏度小、质量较差，血粉或勾兑血粉的血料更差，也不能将各种血混合发制以次充好。

（4）夏天血料保质期较短不易存放，不应将发酵后的回料勾兑鲜血二次发制。

（5）猪注水后的血浆在发制时应调整加入石灰水的比例和石灰水的稠度，确保血料质量。

（6）发酵后的血料应妥善处理，切勿随意抛弃，以免造成环境污染。

任务四　捉缝灰

材料要求

灰浆调配：

捉缝灰用于堵塞木件缝隙，填补低洼凹面。

（1）灰料配比：按重量，3 份中灰（40 目／英寸）、2 份大籽灰（12～10 目／英寸。粒径为 2.2～2.4mm）拌匀。

（2）油浆配比：按体积，1 份血料、1 份油满，拌合成浆料。

（3）捉缝灰配比：将拌匀的灰和浆料按重量各 1 份掺合在一起搅拌成捉缝灰。

（4）调配捉缝灰：将血料去掉表层硬皮，置桶内用灰耙搅碎，加入油满调匀，再加入灰料，两手上下握紧灰耙，上部略向外倾，由桶边插入抄底搅拌均匀即可。

拌料要求在使用以前 4 个小时调好，使灰籽被油浆浸透，便于使用。

操作工艺

在施工以前，要清扫施工现场，把构件上下、建筑内外用扫帚扫净。

（1）1 人独立操作，两手各持铁板和灰碗，用铁板向缝内横向挤灰，挤满后再用铁板尖斜插入缝，反复刮找，捉实捉满，顺木缝刮净余灰，俗称"横挤顺刮"。

（2）捉缝的同时裹柱头、柱根、枋头，找圆找方，鞅角找直顺。灰的厚度约 2～3mm。

（3）构件的低洼不平与缺棱短角处用铁板皮子补平，补直，补齐，均不得超出木件表面高度。柱头、柱根、鞅角处要找直借圆，自然风干。

质量标准

主控项目：

材料品种、质量须合格，选用材料得当。缝大须投放适当的大籽（12～10 目／英寸。粒径为 2.2～2.4mm）、楞籽（粒径为 3～5mm）。缝内灰实、粘接牢固。

一般项目：

表面平整，无野灰、蒙头灰，缝内灰实饱满。

应注意的问题

（1）不能捉缝、扫荡两道工序合二为一。

（2）木件低洼较大，缝大而深，应分层补灰，不宜一次找平。

（3）遇铁活先做防锈处理，铁件牢固而且不得高于木件表层。

（4）根据缝大或木件的特殊性和需要，在灰中适当投放些大籽，楞籽单独调配使用，有利于保证质量。

任务五　扫荡灰

调灰

灰料配比：按重量，3份中灰（40目／英寸）、2份大籽灰（12～10目／英寸。粒径为 2.2～2.4mm）拌匀。

油浆配比：按体积，1份血料、1份油满，拌合成浆料。

压麻灰配比：将拌匀的灰和浆料按重量各1份掺合在一起搅拌成捉缝灰。

调配扫荡灰：将血料去掉表层硬皮，置桶内用灰耙搅碎，加入油满调匀，再加入灰料，两手上下握紧灰耙，上部略向外倾，由桶边插入抄底搅拌均匀即可。

拌料要求在使用以前4个小时调好，使灰籽被油浆浸透，便于使用。

操作工艺——抹灰

扫荡灰又称通灰——扫荡灰操作需要3人一组，前道工序和后道工序密切配合，分上灰、过板和找灰。3人操作，1人在前面抹灰，1人过板子，1人在后面捡灰。

（1）抹灰者以过板的长度为准，抹一板、两板长均可。操作时由上至下，由右至左进行。竖木件先横后竖，横木件先竖后横。抹灰反复造实后再附灰。操作中把桶跟着皮子走，不可皮子跟着把桶走。

（2）过板者迎面而站，双脚大于肩宽。一手持板，板与木件垂直，板面略倾，先试过，将灰膛平，最后一板成活。把木件刮平、刮直、刮圆，板口余灰及时清理干净。

（3）捡灰者手持铁板灰碗，捡板子接头处余灰，不平处补灰衬平。板子未刮到之处用铁板代刮，并随时捡净落地灰。

这道油灰的厚度以木件表面的最高点计算，应以一灰籽约2mm厚为准。油灰风干以后，用砂轮石磨去飞翅、浮籽，拿湿布抽掸干净。

质量标准

主控项目：

灰厚2～3mm，灰层之间粘接牢固。较低洼处分几次使灰，待灰风干后再进行下道工序。

一般项目：

表面平整，棱角直顺，无接头感。

应注意的问题

（1）柱子过板竖向接头应位于背面。

（2）过板时尽量不要换手操作，须换手时板子应保持原状，做到换手不停板。停板会使灰的表面留有板的痕迹，造成不平整。

（3）檐檩由上向下过板。檩的上部、椽根处要刮满灰，过板有困难可换窄板或其他工具代替。

任务六　披麻

披麻在地仗层中起到拉接的作用，使得地仗的灰层不易开裂，延年耐久。

操作过程：头浆—粘麻—轧干压—渧生—磨麻—水压—修理活七道工序。

1. 头浆和粘麻

头浆用于粘接线麻。

材料要求

披麻油浆配制：按体积1.2份血料中掺入1份油满，搅拌均匀。表面用牛皮纸盖严，淋上一层净水，以免风干。

操作工艺

开头浆及粘麻：

拿糊刷往木件的扫荡灰层上刷抹披麻油浆，浆的厚度约有3mm。粘麻，把已经加工好的线麻平铺在油浆上。

一人操作，手持把桶用护刷将油浆正兜反甩于木件上，往返涂抹均匀，不宜过厚，以能浸透麻为度。放下护刷、把桶，开始粘麻。将麻调理直顺，长短适宜，薄厚均匀地粘在浆上。麻要横于木纹贴，阴阳角处木纹不同应按缝横贴。横向粘麻右手拿麻向左甩尾再向右拉粘。竖向粘麻由上向下甩尾再向上拉粘，或由下向上甩尾再向下拉粘也可。将麻整理均匀粘住不脱落即可。柱子粗、木件大可由助手辅助操作。

2. 轧干压

操作工艺

压麻的顺序是先压鞯角（木件阴角、接缝）、边线，后压大面，压到表面没有麻绒为止，这道工序叫"轧干压"。

先粗轧后细轧，先轧鞯角后轧大面。一手持麻轧子，一手轻轻按麻，以免麻移动。横着麻轧使麻入浆，边轧边调理薄厚，漏地补麻，修理周边，顺麻挤浆。与墙的结合部、柱门、柱根麻向里收拢，随拢随轧切，不可窝边。轧麻人员因工作量的多少而定。

3. 渧生

油满、血料加水调制的浆为"生"。

材料要求

"生"配合比为 1：1.2 ～ 1.5：（4 ～ 7）。

操作工艺

用护刷将"生"涂于未轧透的干麻上称为"潲生"。

反复轧压麻绒完全符实以后，将"生"刷在压实的麻面层上，以刷到不露麻丝且不过于厚为限，这就是"潲生"。

1 ～ 2 人操作，也可由上道工序负责进行。将干麻包用麻针或钉子翻开，干麻暴露进行潲生，重新整理轧实。如头浆开得足，开得合适，没有干麻包可以不潲生。

4. 磨麻

1 人操作，由上至下，先磨鞅角再磨大面。磨头（金刚石）用较锋利处横于麻丝来回蹭，去掉浆皮出绒后变换位置。磨头往返距离不宜过长，寸磨为好，俗称"长磨腻子短磨麻"，宜短不宜长。磨出较长的麻丝，不能抻拉，只能用铲刀切断。鞅角处用小而薄的磨头。磨完后将麻面打扫干净并清扫地面，晾晒 1 ～ 2 日后方可进行下道工序。

质量标准

主控项目：

使麻：所用材料质量合格，麻厚 2 ～ 3mm，麻与灰应粘接牢固。无麻包和空鼓现象。

磨麻：八九成干进行，磨时出绒而不伤麻筋。晾晒 2 ～ 3 日后再进行下道工序。

一般项目：

使麻：薄厚均匀不漏地，无干麻包和空鼓现象。表面平整，鞅角整齐不窝浆。

磨麻：磨距要短，磨到磨匀，不留死角，出绒即可。表面干净无污染。

应注意的问题

使麻：

（1）开头浆的速度由轧麻的速度而定，切勿浆开得过多，浆易封皮，不利于粘麻和轧麻。

（2）柱根处麻要离开柱顶 1cm 左右，以防吸水、受潮，造成麻的膨胀，灰皮脱落。

（3）在水轧工序中，局部重点翻麻，不可普遍翻。

（4）柱子较粗，木件较大，重要建筑不宜使用机梳麻。

（5）人员配备，根据工作量，技术熟练程度灵活掌握。但分工要明确，责任到人。

磨麻：

（1）磨麻应先上后下，先里后外，不能顺着麻丝磨。

（2）麻丝大磨出绒长，反之绒短。麻干好后不易出绒，八九成干易出绒，绒的长短对灰的附着力至关重要。

（3）磨完麻后应晾晒 2 ～ 3 日方可进行下道工序。

5. 水压

1 ～ 2 人操作，用麻针或钉子将麻丝翻起，弄虚，再次检查干麻包的情况，重新轧实轧平。

水压以后的麻层就基本上被压实了，挤出多余的油浆，达到不窝浆、无干麻的程度。鞅角用麻鞅板轧压严实，如有空虚处会造成崩鞅，最后再满压一遍，过于潮湿的地方把油浆挤净，压均匀，干燥不实的地方再刷上少量的净水压实，挤净四边棱角上的余浆。如果出现棱角松动，局部崩鞅的现象，应该修整，补齐成活。

6. 修理活

1 人操作，用麻压子在麻上再轧一遍，检查修正麻的厚度、均匀度、密实度。用鞅角板将阴角处压实，调理直顺，擦净周边污渍。随时提醒上道工序存在问题并及时纠正。

任务七　压麻灰

材料要求

调压麻灰：

灰料配比：1 份中籽灰（16 目／英寸。粒径为 1.6mm）、1 份小籽灰（20 目／英寸。粒径为 1.2mm）、2 份中灰（40 目／英寸）按重量比拌匀。

油浆配比：按体积 2 份血料、1 份油满搅匀成油浆。

压麻灰配比：1.5 份砖灰、1 份油浆合成压麻灰。

调配压麻灰：将血料去掉表层硬皮，置桶内用灰耙搅碎，加入油满调匀，再加入灰料，两手上下握紧灰耙，上部略向外倾，由桶边插入抄底搅拌均匀即可。

拌料要求在使用以前 4 个小时调好，使灰籽被油浆浸透，便于使用。

操作工艺

（1）清扫过水布：用小笤帚顺风清扫麻面并用湿布抽打，去其灰尘及散落的麻绒。

（2）调配压麻灰：将血料去掉表层硬皮，置桶内用灰耙搅碎，加入油满调匀，再加入籽灰、中灰，两手上下握紧灰耙，上部略向外倾，由桶边插入抄底搅拌均匀即可。

（3）抹灰：手持把桶、皮子，由上至下，由左至右，先鞅角后大面把灰抹在麻面上，先往返地把灰捉严造实后再适度附灰。横木件竖向造灰，横向附灰。竖木件横向造灰，竖向附灰。附灰的长度可以根据板子的大小抹 1 ～ 2 板长均可。柱子横向分段进行，先裹柱头再裹柱身，下端横向围裹，将灰造实后附灰。如柱子较粗，一侧造灰后即刻附灰，再做另一侧。如工作量大，过板者的技术较高，过板速度较快，造灰和附灰可两人操作。

（4）过板：先粗过后细过。粗过用板子调整灰的余缺，反复试过。细过根据所需灰的厚度，调整板口角度并适当用力，顺其麻丝横推竖裹一气呵成。遇鞥角时，板口在鞥角处稍作停留，并上下（左右）轻轻错动几下，再推出或拉出，使鞥角更加直顺，板口余灰刮于桶内，擦净板口再继续过板。压麻灰的厚度约 2mm。

（5）捡灰：手持铁板、灰碗，捡板子接头处余灰，不平处补灰找平，板子未到处用铁板代过。随时捡净落地灰。

（6）轧线：线口处待灰略干后进行轧线，线的宽度略小于中灰、细灰线条的宽度，不"三停一平"也可，但线角一定要干净利落。门窗框线宽度占抱框看面宽的 1/10。

质量标准

主控项目：

所用材料质量合格，灰厚 1～2mm。造实后附灰，与麻层粘接牢固，无空鼓现象。板缝隐蔽，无接头感。

一般项目：

表面平整，无接头感，无野灰，棱角、鞥角直顺。

应注意的问题

（1）灰未造实易发生空鼓，必须造实后再附灰。

（2）环境温度过低，或上几道工序受冻，解冻后易发生空鼓脱落，俗称"脱裤子"。操作时最低温度以 5℃为宜，须持续时间 7～8 日。

任务八　中灰

材料要求

调中灰：

中灰的强度低于压麻灰，砖灰也细一些。

灰料配比：按自身重量，8 份中灰（40 目／英寸）掺 2 份中籽灰（16 目／英寸。粒径为 1.6mm），拌合。

油浆配比：按体积，油满 1 份、血料 3 份搅成油浆。

中灰配比：用砖灰 1.5 份、油浆 1 份，搅拌成中灰。

调配中灰：将血料去掉表层硬皮，置桶内用灰耙搅碎，加入油满调匀，再加入灰料，两手上下握紧灰耙子，上部略向外倾，由桶边插入抄底搅拌均匀即可。

拌料要求在使用以前 4 个小时调好，使灰籽被油浆浸透，便于使用。

操作工艺——抹灰

把拌好的中灰用皮子在木件的压麻灰上往返溜抹，满溜一道，而后在上面覆灰一道。再用铁板满刮靠骨灰，收灰，刮平，刮圆，灰层的厚度以压麻灰最高点算约 1～1.5mm，最低以找平找圆为准。

（1）磨压麻灰：用磨头（金刚石）先鞦角后大面把压麻灰轻轻地满磨一遍，去其浮籽和余灰。磨头进不去的地方由铁板铲刮。清扫干净并过水布。

（2）调制中灰：将血料去掉表层硬皮，置桶内用灰耙子搅拌，加入油满调均匀再加入中灰搅拌均匀即可。

（3）抹灰：手持把桶、皮子，由左至右、由上至下将灰抹在压麻灰上，反复造实再附灰。

（4）过板：先用板子往返试过，调整灰的余缺，最后根据所需灰的厚度，调整板口角度，横推竖裹一气呵成。板口到鞦角处稍作停留，上下（左右）错动几下再推出或拉出，使鞦角更加直顺。个别部位板子不易过到，可用铁板代过。

（5）捡灰：用铁板捡板子接头余灰，不平处补灰找平。

（6）轧线：线口处待灰略干后进行轧线，线条的宽度略比细灰线小。不"三停一平"也可，但线条直顺，线角干净利落。

质量标准

主控项目：

所用材料质量合格，灰厚 1~2mm，宜薄不宜厚，灰层之间粘接牢固。

一般项目：

表面平整，板口接茬与上道灰错开并无接头感，无野灰，阴阳角整齐，各种线条直顺。

应注意的问题

（1）过板的接头应与压麻灰错开，不得在同一位置上，应大小板交替使用，以保证表面平整。

（2）轧线灰内适当多放些细灰，以使线条饱满美观，也有利于细灰轧线。线宽略小于细灰线条。

细灰是五道灰中强度最低的一道，质地最细，完全用细灰配制。

任务九　细灰

材料要求

灰料配比：按自身重量，2.5 份细灰（100 目／英寸）。

油浆配比：按体积，血料 1 份、熟桐油 0.005 份、水 0.3 份。

中灰配比：用砖灰 1.5 份、油浆 1 份。

调配细灰：把桐油倒入血料，随搅拌随加入净水，配成浆料。1 份浆料、2.5 份细灰拌成。由桶边插入抄底搅拌均匀即可。特殊部位细灰过 80 目筛，调配好后盖湿布备用。

拌料要求在使用以前 4 个小时调好，使灰籽被油浆浸透，便于使用。

操作工艺——抹灰

细灰也叫找细灰，特点在细上。

用铁板在中灰层的棱角、鞅线、边框上刮贴一道细灰，找直、找齐线路，柱头、柱根要找齐，找严，找圆，厚度约1.5mm。梁枋、槛框、板类宽度在0.2m以内者用铁板刮，以外者过板子。柱子、檩条等曲面构件以及坐凳板、榻板使用皮子捋灰，而后过板子，灰厚在2mm左右，接头要求整齐。

（1）磨中灰：用较合适的瓦片磨出直口，将中灰满磨一遍，阴角磨头进不去的地方用铁板铲刮，去其浮粒，打扫干净。

（2）汁水浆：为使细灰与中灰粘接牢固，须用护刷蘸清水涂刷中灰，水不宜多。

（3）找细灰：一人操作，手端灰碗，用合适的铁板从碗口边正反刮取细灰。正刮反抹，反刮正抹至边角、鞅角、棱线、柁头、椽头等处，将灰粘牢贴实，顺其边缘铲净余灰。灰的宽度4～6cm，厚度2mm左右。灰基本干燥后进行下道工序。

（4）轧线：轧线所用的轧子各有不同。按部位名称有框线轧子、梅花轧子、窝角线轧子、云盘线轧子等。按形状有平面、斜面的，有单线双线的，有凹凸面的。工序不同大小也不一样，有粗灰轧子、中灰轧子、细灰轧子。过去用竹板磨制，现在大多数使用镀锌薄钢板轧子，现场自行制作。轧线前做好试验，并经有关人员验收同意后方可轧线。轧线3人操作，抹灰、轧线、捡灰各1人。先左后右，先上后下进行。框线从左下开始，至右下交圈操作。

抹灰者用小皮子把灰抹在线口上，先造实后附灰。轧线者用轧子将灰调理均匀，先试轧后，再把轧子刷洗干净。双手持轧子的两侧均匀用力，推拉均可一气呵成。捡灰者紧跟其后，迅速找补余缺，捡净余灰，将线角调理直顺。

为了使轧出的线条直顺，在轧线部位的一侧使用较为合适的尺板，轧子紧跟尺板轧线。灰线基本干燥后再进行下一道工序。

（5）溜细灰：在找过的细灰空隙内添灰，2、3人组档均可，视工作量和木件大小而定。2人组档，1人用皮子在前面抹灰，造实后附灰，1人在后用铁板过灰并捡。3人组档，抹灰、过板、捡灰各1人。一般用铁板过灰，面积较大时用板子过灰。

质量标准

主控项目：

所用材料质量合格，灰厚2～3mm，灰宜稠不宜塘（俗称稀为塘）。无缺棱掉角现象，灰层之间粘接牢固。

一般项目：

表面平整无空鼓，阴阳角直顺无野灰，线条圆润，曲线对称一致。

应注意的问题

（1）细灰易出现龟裂，俗称"鸡爪纹"，均因日晒、风吹、灰稀所致，所以灰宜稠不宜稀，并做好有效防护。

（2）轧线细灰稠不好使，同时粘接不牢，可用血料稀释，不可用水。

（3）柱子细灰接头不应放在正面。大木三件的细灰接头不应放在开间正中，否则影响观感。

任务十　磨细钻生

细灰干透了以后，用停泥砖从上到下打磨棱角线路，磨到整齐直顺，表面全部达到无断斑。平面要磨平，曲面要达到上下浑圆一致。

工具：选择大小不一、较为细腻的干瓦片，干庭泥砖制成平口，磨圆木件时制作弧形磨具。

操作工艺

磨细：用铁板、铲刀清理柱根、鞅角，去其浮灰、落地灰并打扫干净。先磨鞅角，后磨大面，最后磨线口，先粗磨后细磨。磨头的平面置细灰上，上下、左右往返连磨带蹭，磨距要短，轻轻磨去硬皮后磨距再适当加长。高低不平会有手感，低处发滑，高处发涩，从磨过的痕迹也能看出平整度。高处局部重点揉磨，用尺板横竖搭尺检查。就低磨高借平。磨圆木件时横磨竖顺。最后用 200 号砂纸细磨一遍。经检查合格后方能钻生。

钻生：就是在磨好的细灰上搓生桐油，先上后下，先鞅角后大面，丝头在掌心中轻轻滚动，搓到搓匀，搓至灰皮不喝油为止。用油刷刷生油也可以。1 ~ 2 小时后擦净浮油，待生油干燥后再进行下道工序。

每磨完一件构件马上钻上生桐油。生桐油中不掺入其他材料，如果时间太急，赶不过遍，生桐油中可以掺入少量灰油或苏油（也可以用稀料）。生桐油要把地仗钻到，钻透，钻至地仗油灰不喝为止。

质量标准

主控项目：

选用磨头合理。开始磨距要短，细磨磨距要长，不能磨穿。钻生时间间隔要短。

一般项目：

鞅角整齐，柱圆棱直，表面平整无鸡爪（龟裂），生油钻透无挂甲。

应注意的问题

（1）生油未钻透的原因：搓（刷）的遍数少，第一遍与第二遍搓（刷）生油时间间隔长。

（2）防止生油挂甲，生油未干前及时擦净，挂甲后及时清理，用开刀铲除或用砂纸细磨，但不能伤其灰皮。

（3）为了防止龟裂，搓油应及时，细灰磨好一块钻生一块，不要等大面积磨完再钻生油。

（4）过去用丝头现在用油刷，其效果都一样，但油刷须专用，不能作他用，否则油皮不易干或出现质量问题。

（5）不要为了抢工期，生油内勾兑催干剂。

问题：为什么时间太急，可以在生桐油中加灰油或苏油？

至此，一麻五灰地仗就完成了，要求地仗地面不能出现鸡爪纹（指钻生交活的地仗表面出现的龟裂纹），生桐油要钻透，一次钻好，不能间断，也不可以钻油过量，使油外溢（称顶生）、挂甲，而影响下道油活的质量。过量的油要用麻头及时擦净，否则硬化，叫做挂甲。

项目三　其他地仗

清式建筑油漆作地仗中一麻五灰做法是最典型的一种，也是有代表性的一种，还有其他几种做法，如使用在门窗装修上的单披灰、楹联匾额上的一麻一布六灰等，下面做比较简略地介绍。

做这些地仗使用的材料、工具与一麻五灰地仗完全相同，只不过是工序上的增减，一道至四道灰多用在次要的建筑和部位。

(1) 四道灰

建筑的上架椽望多用四道灰做法，次要建筑的木架结构构件也有时采用。

工序：汁浆—捉缝灰—通灰—中灰—细灰—磨细钻生。

(2) 三道灰

建筑的木装修多用三道灰，如裙板、花雕、套环、斗栱、花牙子、栏杆、垂头、雀替和室内椽望、梁枋等。

工序：汁浆—捉缝灰—中灰—细灰—磨细钻生。

(3) 二道灰

在旧地仗绝大部分保留较好，损坏的地仗被修补以后，多在构件上满做两道灰。

工序：汁浆—捉中灰—找细灰—磨细钻生。

(4) 靠骨灰

完全新做的木结构，构件表面没有较大的裂缝，整齐光滑的情况下，也多采用靠骨灰。

工序：汁浆—细灰—磨细钻生。

(5) 找补旧地仗

有些维修工程，地仗可以做些简单找补后就做油饰，做找补打点使用的工具材料同上。

找补一麻五灰地仗：斩砍处理以后，在保留的旧地仗和要补做地仗的木件相接处，用铁板刮灰，捉缝灰和扫荡灰一次完成，找补的面积较大时要过板子，找齐以后，把沾在旧地仗油皮上的余灰刮净。在木件接头和铁箍处披麻时，先横着缝隙披一道麻，麻丝和缝垂直，再随大面麻丝横着木纹披一道麻，披麻以前要把铁箍打磨干净。在头道灰中只要中灰不掺籽灰。配料：1.5 份油满中加 1 份血料，1 份油浆中加 1.5 份中灰，其他做法与一麻五灰完全相同。

找补两道灰地仗：用铲刀铲净爆皮，而后在裂缝上支一道浆，满上一道中灰、一道细灰，磨细以后使新旧地仗找平。保留的旧地仗表面上的油皮要磨掉，满钻一道生桐油，钻透以后擦净多余的生油。

(6) 一麻一布六灰

这种做法多用在重要建筑，如宫殿的重要部位。

材料做法与一麻五灰相同，在压麻灰上面增加一道中灰，中灰上面用油浆粘一层夏布，再做中灰、细灰，磨细钻生。

(7) 二麻七灰一布

清代晚期多用插榫包镶的形式制成柱子，为了保证地仗不开裂，便出现了二麻七灰一布的做法。木构件裂缝过多的情况下也有采用这种做法的。

材料做法与一麻五灰相同，在压麻灰上加做一道麻一道灰，上面再糊一道夏布做一道灰，做中灰、细灰等。

(8) 一布四灰

受经济条件所限，用糊夏布代替披麻的简易做法叫一布四灰。

工序：捉缝灰→扫荡灰（灰中不加大籽灰，只用小余籽灰）→糊夏布→压布灰→中灰→细灰→磨细钻生（捉缝灰、扫荡灰合成一道工序）。

(9) 糊布条

老式门窗槅扇上用糊布条。

工艺：在八字榫、裙板的缝口上汁浆，宽约80mm，上一道中灰厚度不超过1mm，糊一道夏布，做中灰、细灰，逐道找平，磨细钻生。

(10) 汁浆（靠骨灰）

用1份血料掺0.15份的水，再加0.02份的熟桐油配成浆料，1份浆料里加2份细灰，搅拌成专用的细灰。在木件上用皮子和铁板上灰，干透以后磨细钻生。

(11) 山花寿带

寿带是歇山建筑山花板上装饰的彩带，地仗做法与一麻五灰相同。披麻时，把线麻剁成50～60mm长，抖开，顺直，先披寿带，披满压实以后，再披山花地，披成以后做压麻灰等。

(12) 堆扣梅花钉

梅花钉是钉博缝板的博缝钉的外装修，一檩七个钉，当中一枚，四周六枚，梅花钉的直径约占博缝板宽的1/8，钉与钉间隔半个钉径。

工序：用扫荡灰堆成半圆形的梅花钉，表面用净水刷净刷光。然后，往下做一麻五灰，细灰是用酒盅扣成半圆形的，磨细以后用稀生桐油钻生。

高桩梅花钉是在博缝钉上缠麻，麻团上抹扫荡灰，让油灰浸透麻丝，随抹灰随缠麻，干透了上粗灰，用刷子蘸水刷均匀，干透了上细灰，磨细钻生。

(13) 轧线

地仗的线路在梅花柱子上的是梅花线，包在柱子的四角，木门窗框上是框线，梁枋包角呈半圆形也要轧线。线的宽度占柱子宽或抱框看面的1/10，若构件过大可以收窄一些，构件过小可以适当放宽一些，做得比例适当为宜。

轧线用的工具轧子用镀锌薄钢板折成，梅花线是两个曲线对接成阳角。梁枋棱线、云盘线轧子随木件形状折成近似半圆形。框线折成两柱香、一柱香形。

操作工艺

工序：随着一麻五灰工序，逐道灰轧线，以柱子大面和抱框边棱为依托，轧子靠在棱角上，死窗扇用木尺靠着，往返捋灰，把线角捋直，捋顺。灰线干透了以后，用小块石片磨直、磨平，磨掉接头的印迹。

灰线磨到接近成活，换用麻头反复捋磨，把细灰的浆皮磨破，不要损伤框线的棱角，再用砂轮石磨到成活。

门窗框线的肩膀要磨尖，达到三平三停的程度。

地仗的材料做法是根据工程使用功能的需要而确定的，一麻五灰做法多使用在古建筑的柱子、檩、垫、枋、抱框、榻板、板墙等处，因要抹上五道油灰，披一层线麻，故称一麻五灰。

项目四　油饰

在油饰以前还要在磨细钻生的地仗上做一道细腻子。古建筑上油的方式与现在油刷刷油不同，是用丝头搓，这样可以节约用油。

任务一　上细腻子

地仗完成后，做油皮工序的填充材料，有浆灰、血料腻子和石膏腻子。浆灰用于修补地仗砂眼、麻面等小毛病。血料腻子用作油活前加细地仗平整度。石膏腻子用于头道油干后仍存在的小缺陷进行复找。

材料配比

（1）浆灰：血料：细灰 =1：1

（2）血料腻子：血料：土粉子（白色粉末，又名白垩土）：水 =1：1.5：0.3

（3）石膏腻子：光油：调合漆：石膏粉：水 =6：1：10：6

施工工艺——上细腻子

（1）用铁板在做成的地仗上满刮一道细腻子，反复刮实，接头处不要重复，灰到为止。

（2）在细灰地仗的边角、棱线、柱头、柱根和柱鞍处的小缝、砂眼、细龟裂纹都要用腻子找齐、找顺。

（3）圆面用皮子捋，叫做溜腻子。

（4）做过浆灰的地仗只用一道细腻子，没有做过浆灰的地仗找两道细腻子。

（5）腻子干透了以后用一号或一号半砂纸磨平、磨圆、磨光，鞍角棱线要干净整齐，不显接头，磨成活以后用湿布揎净。

质量标准

主控项目：

攒磨腻子：所用材料质量合格，攒腻子宜薄不宜厚。磨腻子磨距要长，不伤其地仗。

一般项目：

攒磨腻子：攒腻子应攒到攒匀，无漏攒、无砂眼。磨腻子应表面平整光滑，鞍角整齐直顺，线条饱满圆润。

应注意的问题

（1）材料配合比要规范，在使用过程中腻子稠了用血料稀释，不应兑水稀释。油少水多粘接力不强，遇潮湿而变性会使油皮膨胀、开裂、脱落。

（2）磨腻子不能伤其地仗及其棱角。砂纸不能随意丢弃，用后应统一存放处理。

（3）攒腻子宜薄不宜厚，干好后清扫干净再油饰。

任务二　熬光油（熟桐油）

古建油饰到最后一道工序是刷一道油使表面出亮，这一道用光油即熟桐油。熬光油的准备事项和熬灰油大致相同，只是配料不同，熬制要求略有不同。

材料（表4-1）

生桐油：桐树或木柚树的果实榨取的液体，应纯正、无杂质。不能用桐油、梓油、蓖麻油的混合物作为代用品。

土籽：粒径均匀、无杂质，过40目箩后使用。

陀僧：又称黄丹粉，细腻纯正。（以一氧化铅为主的金黄色粉状物，在熬制光油时，除作为重金属催干剂使用以外，同时还可使熬成的光油色泽亮丽）

糊粉：定粉（又名中国粉、白铅粉、铅白粉）炒过后又称糊粉，应细腻、无颗粒感。

苏子油：苏子果实榨取的液体，清亮、透明、无杂质。

季节	生桐油	土籽	陀僧	备注
春秋季	100	4	2.5	重量比
夏季	100	5	2.5	重量比
冬季	100	3	2.5	重量比

光油材料配比表　　　　　表4-1

主要工具

锅、大勺、半截桶、水桶、开刀、温度计、铁盘。

作业条件

(1) 灶台于室外砌筑完好，装好烟筒。

(2) 安全防护、消防措施合理有效，并设专人负责防火工作。

(3) 工具清理干净，无潮气。

操作工艺

1）点火烧锅：一切准备工作就绪后，将锅刷洗干净，就可点火烧锅。

2）炒土籽：锅热后将土籽倒入锅中，不停翻炒，直至炒干炒得变色后取出备用。

3）炒定粉：将锅打扫干净，再将定粉下锅，炒得变色后取出。此时炒过的定粉称糊粉。

4）熬桐油：生桐油入锅，旺火熬炼，油开锅后用大勺扬油放烟，并把炒过的土籽分数次放在大勺内浸入油中炸10分钟左右，再把土籽倒入锅内，即刻改用微火熬炼。随着油温的升高，油沫减少、颜色由浅变深时，用大勺抄底取净土籽。

5）试油：

(1) 用开刀蘸油，将油滴入水桶中，成珠下沉，并迅速返于水面而不散，立即撤火出锅。如油滴入水中返于水面缓慢或不返于水面，说明火大了，应立即采取措施。

（2）用开刀蘸油置冷水中片刻，轻轻甩掉水珠，将开刀两面的油收拢一起，用食指蘸油上提 3 ～ 5cm，油丝不断，俗称"上油了""有皮条了"，视为熬油火候已到，立即撤火出锅。

（3）用温度表测试，油温升至 180 ～ 190℃ 时就可出锅。油出锅后继续扬油放烟，待油温降至 60 ～ 70℃ 左右时，分别按比例入陀僧调匀。油凉后盖好纸眼待用。为了使油清亮，下陀僧的同时下少量糊粉。

以上是纯桐油熬炼的光油，称纯光油。还有混合油熬炼。用 20% 的苏子油，80% 的生桐油熬出的光油称"二八"油，还有"三七""四六"油之说。混合油熬炼的方法：点火烧锅分别炒土籽、炒糊粉，炒干后取出。先将苏子油下锅旺火熬炼，经试油有"皮条"后倒入生桐油（两种油按比例同时下锅也可），熬油方法、试油方法与熬纯光油相同，但火不宜太大。混合油比纯光油略稀，宜配置颜料光油，用此油罩面略逊色于纯光油。

质量标准

主控项目：

（1）材料品种质量符合设计和选定样品的要求及有关标准的规定。

（2）严格控制熬油火候。出锅后迅速使油温下降，避免造成熬油失败。

一般项目：

油色微黄、清亮，稠度适宜、无杂质。结膜时间约 0.5 小时，干燥时间 4 ～ 6 小时。

成品保护

（1）光油应置于室内阴凉干燥处，勿受日晒雨淋。

（2）取油工具要干净，随即将纸眼贴油层盖好，防止灰尘污染。纸眼破损及时换新。

（3）没有条件的施工现场，应加盖密封，妥善保管。

应注意的问题

（1）灶台远离易燃物，并设专人负责安全防火工作。

（2）油入锅前先撤火，油锅降温后再入油下锅，以免锅的温度太高遇油起火。

（3）存放一年以上的生桐油，桶底油勿倒入锅内。因桶底有水的沉积物，熬油时易起沫溢锅，容易引发火灾。

（4）雨天、雪天不宜熬油。长途运输应密封严实。

任务三　颜料光油调配

材料要求

（1）光油：又称熟桐油。用"二八""三七"油均可。

（2）洋绿：又称巴黎绿、翡翠绿，过去多用加拿大绿，现在用德国产巴黎绿。国产绿因光合作用不够易失色。

（3）红丹粉：又称铅丹，俗称章丹，颜料细腻、无颗粒感。

（4）佛青：又称群青，颜色纯正、无颗粒感。

（5）广红土：属天然红土，有广红、广红精之分，广红精最佳。

（6）黑烟子：松烟、焦油烟为好，体轻、细腻、无颗粒感。

（7）定粉：又称中国铅粉、白铅粉，炒后称糊粉。进口洋铅粉质量欠佳，现大多使用中国铅粉。

（8）银朱粉：又称朱红粉，细腻、无杂质。

（9）白酒：普通白酒即可。

（10）材料配合比：

烟子：白酒＝1：0.5（重量比），开水适量。

烟子：光油＝1：1.5左右（重量比）。

主要工具

石磨、盆、勺、铜锣、毛刷、木棒、铁锅、水桶、白布或毛巾、牛皮纸、铁铲。

作业条件

（1）室内避风处，有一定的操作空间，地面应做好保护。

（2）做好个人保护，以免发生过敏反应。

（3）工具应洁净。

操作工艺

1）绿油配制过程

将巴黎绿放入盆内，用开水浸泡搅拌成浆，自然沉淀2～4小时，轻轻倒入清水，用勺搅匀，一勺一勺地置石磨上研磨，研磨后的鲜浆流入石磨下盆中。研磨完毕，继续沉淀4～6小时，倒出清水，然后陆续略加少许光油搅拌。颜料遇光油逐渐成豆渣状，油将水分顶出，用干的湿布或毛巾将水分吸出，再陆续加光油搅拌，反复用布吸水，直至坨散、水净、浆成即可。过箩后使用。

2）黑烟子油配制

配制方法有二：

（1）烟子过箩用油勺将烟子轻放箩内，用毛刷轻刷于盆内，用牛皮纸做纸眼，中间挖一小洞盖在盆内烟子上。向洞内倒入适量白酒把烟子渗透，去掉纸眼倒入开水，搅至粥状，沉淀6～8小时倒净清水，注入少量光油搅拌成坨，光油将水分顶出，用湿布蘸出水分，陆续加光油搅拌，反复用布蘸出水分，直至配制成活。盖纸眼待用。

（2）烟子过箩后用煤油稀释，然后加光油搅拌均匀即可。

3）红油配制

点火烧锅，锅内无水汽后倒入广红土，用铁铲勤翻动。用微火将广红土炒干后灭火出锅，待凉后过箩于桶内，一点点加光油搅拌均匀，像调芝麻油一样。边搅拌边做虚实度试验，虚不遮地，太实光泽度较差。成活后盖纸眼并密封后阳光下曝晒2～3日即可使用。或在室内存放6～8日也可。要有充足的沉淀时间，方能保证其质量。

4）银朱油（朱红油）配制

银朱粉过箩（100目）置瓷盆中，用煤油洇（yin）透后边搅拌边加入光油，经虚实度试验合格即配制成活。沉淀1～2日，盆上部的油做二、三道油或罩油使用，盆下部的油做垫光油使用。

5）蓝色油的配制

将佛青放入盆中，用开水浸泡搅拌成浆，沉淀约2～4小时，将清水倒出，反复冲泡2～3次，去掉佛青颜料中硝的成分，以使颜色纯正。最后倒出清水后用石磨研磨一遍。继续沉淀4～6小时，倒出清水，略加少许光油搅拌，油将水分顶出，用湿布或湿毛巾将水吸出，再陆续加光油搅拌，再吸水，直至水净浆成，经虚实试验和稀稠适度，即配制成活。

质量要求

主控项目：

（1）所用材料品种质量符合设计和选定样品的要求及有关标准的规定。

（2）采用传统做法出水要彻底。色度纯正，遮盖力、附着力强。

一般项目：

颜料光油细腻，无颗粒感，结膜性快。不应因颜料光油的质量而造成油皮起"痄子"。

成品保护

（1）配制各种颜料光油，避风操作，防止灰尘污染。

（2）油桶及工具按色专用，干净无潮气。

应注意的问题

（1）为使颜料光油更加纯正、精细，可用开水浸泡和研磨次数。

（2）颜料毒性较大，操作时勿接触皮肤，做好防护，饭前、便前要洗手。

（3）炒广红土时切勿用旺火，炒短时就行，不能炒糊，以免颜色不纯正。沉淀后不能搅拌，轻轻倒出桶上部较稀的油作为末道油使用，中间部位的油作二道油使用，桶内最下部的油作垫光油和油饰橡望使用。

（4）各种颜料光油提前配制，以免沉淀不好影响油皮质量。

任务四　油饰施工

材料要求

（1）铁红颜料光油：细腻无杂质，无颗粒感，必要时过箩。

（2）绿色颜料光油：颜色纯正、细腻无杂质，无颗粒感，必要时过箩。

（3）樟丹颜料光油：颜色纯正，遮盖力强。

（4）朱红颜料光油：鲜艳纯正，细腻无杂质。

（5）滑石粉：细腻无颗粒感。

主要工具

油桶、油勺、丝头、油刷、碗、小线、粉袋。

作业条件

（1）架木支搭完好，经有关人员验收合格。

（2）施工方案、技术措施、操作要点、质量要求向施工人员做好交底。

（3）颜料光油提前做好试验，掌握油的性能，工作量较大时，施工前做好样板，经有关人员认可后实施。

（4）清扫环境，地面洒水降尘，对临界作业面做好有效防护。

（5）选择风和日丽的天气，避开风、雨、雾天及春季的柳絮和夏秋季的飞虫，早晚天气湿度较大也不宜操作。

（6）地仗干透后方能进行油饰，否则易出现顶生现象。

（7）操作人员饭前、便前要洗手，谨防中毒，手部有外伤、皮肤病者不宜操作。

（8）做最后一道油前，门窗玻璃安装齐全。

操作工艺

1）垫光油

（1）垫光连檐瓦口：2人操作，由左至右，第一人手持油桶丝头，丝头浸油后置于掌心，用拇指、食指、中指捏起少许丝头沿瓦口弧形边缘抹油，再抹瓦口大面，抹几个瓦口后回手再搓大连檐，并稳步前进。第二个人端碗拿油栓，先瓦口后大连檐，用油栓先蹾后顺，将油调理均匀。没油之处找补，油肥了蹾下来，将油置碗内。油皮不流不坠不窝油即可。

（2）垫光掏空椽望：3人操作，以步架为界，由左至右，由上至下进行。前边2人搓油，后面1人顺油。搓油的持丝头对脸操作，第一人提油桶倒着走，各负责椽望的一半。丝头浸油后握于掌心，用拇指、食指、中指捏一部分丝头顺椽鞅由上往下抹油，再将丝头移至掌心由上向下搓望板，最后搓椽肚。后面顺油的端碗拿油栓，先由上至下反复调理椽鞅，再顺望板，最后顺椽子，没有流坠现象即可。

（3）垫光老檐椽望：3人操作，由左至右进行。前边2人搓油后面1人顺油，搓油的各负责椽望及燕窝的一半。搓油的丝头浸油后，将丝头握于掌心，用拇指、食指、中指捏少部分丝头先点抹燕窝，顺势抹椽鞅，搓望板，搓椽肚。顺油的先调理燕窝，顺势抹椽鞅、望板，最后整理椽肚。油不流坠即可。

（4）垫光飞檐椽望：3人操作，前面2人搓油，后面1人顺油，搓油的各负责椽望及闸挡板的一半，小连檐由顺油的负责。丝头浸油后，用拇指、食指、中指捏少许丝头先点抹闸挡板，顺势抹椽鞅，搓望板，最后搓椽帮及椽肚。顺油的用油栓先调理闸挡板，再顺椽鞅望板，最后整理飞椽，并用油栓涂刷小连檐，涂抹均匀即可。

（5）垫光上下架大木：3人操作，1人搓油，2人顺油，前1人为糙顺，后面1人为细顺。搓油的用丝头先抹鞅角，再搓大面，搓到搓均为止。第二人紧跟其后，用油栓进行粗顺。竖木件先横后竖，横木件先竖后横。油肥了将油蹾下来，油少添油找补，做到油均匀肥瘦一致。最后一人用油栓细顺，先整理鞅角，再横于木纹满蹾几遍，最后沿木纹方向反复顺一遍，防止流坠。

(6) 垫光装修：视装修情况，用丝头和油刷都可以。2人操作，1人刷油，1人打点。先做芯屉内侧，再做芯屉外侧。刷油的刷到刷均即可。打点者用刷子或油栓将油调理均匀。最后搓大边、套环板、门心板。

(7) 磨垫光：垫光油干好后先呛粉，用滑石粉粉袋在油皮上连拍带擦一遍。然后用废旧砂纸对垫光油满磨一遍，先横于木纹磨，再顺着木纹磨，磨距要长，用力要轻。对油皮的接头、流坠处等重点部位局部磨平，至表面光滑无疙瘩为止。磨光后打扫干净并过水布一遍。

2）搓二、三道油

(1) 连檐瓦口二、三道油：2人操作，由左至右，1人搓油，1人顺油。搓油的丝头浸油后，丝头置于掌心，用拇指、食指、中指捏起少许丝头沿瓦口边缘抹油，再抹瓦口大面，抹几个瓦口后再搓连檐。顺油的用油栓先顺瓦口再顺连檐，先蹾后顺，将油调理均匀，也可用油栓直接涂抹。

(2) 掏空椽望二、三道油：3人操作，以步架为界，由左至右，由上至下进行。前面2人搓油对脸操作，各负责椽望的一半，由椽鞅上部向下抹油，再搓望板，最后搓椽肚。顺油的先由上至下调理椽鞅，再顺望板，最后顺椽子。因地仗已不喝油，二、三道油越薄越好。

(3) 老檐椽望二、三道油：3人操作，前边两人搓油，后面1人顺油。搓油的各负责椽望、燕窝的一半，丝头握于掌心，用拇指、食指捏少部分丝头先点抹燕窝，顺势抹椽鞅、望板，最后搓椽肚。顺油的先调理燕窝，再反复顺椽鞅、望板，最后顺椽肚。二、三道油不宜肥，均匀即可。

(4) 飞檐椽望二、三道油：3人操作，2人搓油，1人顺油。搓油的各负责椽望及闸挡板的一半。小连檐由顺油的负责。搓油的用丝头先点抹闸挡板，顺势抹椽鞅、搓望板，最后搓椽帮肚。顺油的先调理闸挡板再顺椽鞅、望板，最后整理飞椽，并用油栓涂刷小连檐。有彩画的有绿椽肚，无彩画的没有绿椽肚。有闸挡板的有红椽根，无闸挡板的不留红椽根。做绿椽肚时先弹线，以便椽根整齐。搓绿椽肚时，捏少部分丝头沿线抹油，让线操作。搓绿椽帮时，食指、中指夹住少许丝头，由上向下抹油，最后搓椽肚，顺油加对油面进行反复调理，以解决肥瘦不均和渴油现象。

(5) 上下架大木二、三道油：1人操作或2人操作均可。1人操作：直接用油栓上油，并反复调理油面，先横于木纹后顺木纹进行；2人操作：1人在前搓油，也可以用油栓上油，并对油面糙顺一遍，使油肥瘦、均匀一致，第二个人在后及时地对油面再次调理，油肥了用油栓顺下来，将油放入碗内，漏刷的补油，使油皮光洁、明亮。

上三道油时，二道油须干透，用旧砂纸打磨一遍，将油面清理干净。

3）罩光油

(1) 先呛粉，后用废旧砂纸打磨油皮并清扫干净。先上架后下架，先鞅角后大面，装修先罩内侧后罩外侧，先罩芯屉后罩大边。

（2）1人操作，油栓蘸油后直接涂于油皮上，然后先蹬后顺，把油调理均匀。

（3）2～3人操作，1人搓油，1～2人顺油，比二、三道油更加仔细认真。

质量标准

主控项目：

（1）油饰材料、品种、质量应符合设计要求及有关标准规定。

（2）油皮无色差和顶生现象。

一般项目：

油皮洁净、光亮，基本无痱子、无栓迹、无超亮，五金玻璃无污染。

成品保护

（1）通道、门口、墙面、地面、柱门等处做好防护，禁止人员往来触摸和剐蹭。

（2）油画工交叉作业，切勿相互污染，如有污染及时清擦干净并重新找补。

（3）搓刷每道油时首先清理周围环境，防止灰尘影响油皮质量。

（4）门窗扇要用梃钩和木楔固定，避免扇框粘坏油皮。油饰完成后派专人看管，禁止任何人触摸油皮。

（5）拆卸架子时，避免磕碰建筑物和弄脏油皮。

应注意的问题

（1）丝头浸油要少浸勤浸，搓油不能用力，特别是搓椽望，防止油顺臂而下，弄脏衣服和污染地面。

（2）垫光油越使越脏，剩下的油不能倒入原桶内，防止出现一勺坏一锅的局面，更不能做二、三道油使用。

（3）搓洋绿和其他有毒颜料光油时，饭前、便前要洗手，手部有外伤、皮肤病者不宜操作。

（4）所用工具要干净、无湿气，防止出现超亮现象。

（5）油饰前建筑物的饰品，如面页、拉手、门铍、门钉等应安装完毕。

项目五　贴金

金活在古建筑色彩中起到画龙点睛的作用，它与任何颜色用在一起都协调，油饰贴金以后建筑显得金碧辉煌，雍容华贵，光彩夺目。

金箔产于南京，是我国特有产品，库金含金量占 98%，每张金箔 93.3mm 见方，十张一贴，十贴一把，十把一具。一具金展开面积是 8m²。赤金含量 74%，每张金箔 83.3mm 见方，一具金 6m²。过去还有含金量更少的田赤金。库金要比赤金延年保色，金多贴在门窗框线、云盘线、山花寿带、匾额、雕刻和彩画上。

任务一　贴金

材料要求

（1）库金：含金量应达到 98%。

（2）赤金：含金量应达到 74%，不宜长时间保存以防止变质。

（3）铜箔：纯黄铜箔，宜随用随购，且应注意防潮，以防止变色。

（4）银箔：系由合金材料制作，宜随用随购，且应干燥保存，以防止变色。

（5）金胶油：应清亮无杂质。

（6）土粉子：过 80 ~ 100 目箩后使用，无颗粒感。

（7）滑石粉：细腻无颗粒感。

（8）光油：纯光油，无杂质。

（9）黄调合漆：中黄和深黄两种。

（10）砂纸：100 目。

（11）棉花：弹好加工后的新棉，无杂质。

主要工具

金夹子、金帐子、金帚子、羊毛刷、油刷、罗、碗、毛笔、油画笔、油勺、小线、单粉夹子、双粉夹子、金桶子、粉桶子、塑粉袋、猪膀胱。

作业条件

（1）做法经有关部门同意，贴库金、赤金或两色金的部位提前确定好。

（2）各部位的谱子起扎完毕，尺寸准确无误。

（3）金胶油提前做好试验，掌握金胶油的性能和干燥时间。

（4）雨天、雾天，湿度较大及三级风以上不宜操作。

（5）做好防护，挂好金帐子及围挡。

操作工艺

1）磨生过水布：在生油地仗沥粉上贴金，用砂纸将地仗磨一遍，去其杂质，使地仗光洁平整，并过水布一遍。

2）呛粉：在油皮上贴金，为防止油皮吸金，必须用粉袋装上滑石粉或青粉，在要贴金的周围油皮上轻轻拍擦一遍。在生油地和画活地上贴金不需呛粉。

3）拍谱子、沥粉、包黄胶：操作工艺参见彩画作的相关内容。

4）打金胶：金胶油勾兑少许色油，便于操作，以防漏打。在油皮上打一遍金胶，在画活地上要打两遍金胶。用毛笔或油画笔蘸金胶涂抹在黄胶上或油皮上，涂抹均匀即可。先上架后下架，先里后外，先打复杂的线条后打简单的线条。

5）贴金：

（1）试金胶：用手指外侧轻轻接触金胶油，油不沾手就证明基本干了，就可以贴金。金胶不离手说明金胶还嫩，还不干，暂不能贴金。

（2）叠金：无论贴库金、赤金还是铜箔，均须将三五张金连同隔金纸对折，码放整齐，置于盒内或篮内用重物压住，防止风吹散和弄乱。对折时应错开 5mm 便于操作。

（3）撕金：一手拿折叠好的金，一手拿金夹子，根据贴金部位线条的宽窄，用金夹子将金撕成条，随贴随撕。

（4）贴金：金撕成条后，用金夹子把折叠的条再打开，拇指、食指捏住中下部，用金夹子将金调理直顺，夹起一条金连同隔金纸贴于金胶上，拿金的手的中指向线条方向轻挣，金就粘在金胶上了，隔金纸就自然脱落了。

6）帚金：用棉花团沿线条用揉的动作轻轻顺一下，使飞金、散金粘于未粘到之处，使金贴得更牢固。再用羊毛刷或金帚子清理金的周边，使金色线条更加突出、明亮。

7）罩金：毛笔或油画笔蘸光油或金箔封护剂（树脂漆），在金线条上或贴金部位刷一遍，不宜过厚，涂抹均匀即可。库金不用罩，赤金、铜箔、银箔必须罩金。易受雨淋的部位及人易触摸的地方应罩金。罩金后整个贴金过程全部完毕。

质量标准

主控项目：

（1）材料纯正、质量合格，经有关部门鉴定认可后使用。

（2）材料符合有关标准规定。

一般项目：

线路纹饰整齐，色泽纯正一致，基本无漏地、无錾口、无崩缺现象，两色金准确，罩金无漏罩现象。

成品保护

（1）贴金处严禁触摸或剐蹭，特别是下架，应做好有效防护，设专人看管。

（2）特殊部位需要扣油时，不得沾污金活。

（3）拆卸架木时，注意不要磕碰，稳妥操作。

（4）每天下班后，将剩余的金箔送交库房保管，再使用须再次办理领料手续。

应注意的问题

（1）撕金先看隔金纸的横竖纹，应竖纹撕，不能横纹撕。撕得要合适，以免浪费金和影响质量。

（2）贴金时，先打的金胶先贴，后打后贴。先贴宽后贴窄，先贴直后贴弯。斗栱贴金应裹棱贴，不能分两次贴。

（3）贴两色金、三色金时，应贴完一种金后再打另一种的金胶，不能一起打金胶分别去贴。

（4）不宜暴打暴贴，更不能金胶没干好就罩金。

（5）阴雨天湿度太大不宜贴金；金胶太嫩不宜贴金。

（6）金胶油不能勾兑稀料，以免金色起化学反应，影响金贴饰的质量。

任务二　泥金

适用于宝顶、佛像、屏风、壁画等部位采用泥金装饰的配制与涂刷。

材料要求

（1）库金：含金量98%。

（2）白芨：中药商店有售，应研成粉状，白芨粉应细腻无颗粒感，纯正。

（3）蛋清：鲜鸡蛋去掉蛋黄。

主要工具

缸盆，又称鲁班盆，陶瓷盆也可。鲁班锤（瓷、石、木均可），用蒜锤子代替亦可。毛笔、盆、碗。

作业条件

（1）根据泥金的部位如宝顶、佛像、屏风、壁画等，高凳、架木搭设完好。

（2）泥金地仗已做好并打磨清理干净。

（3）天气晴朗，风和日丽为最佳时机。

（4）要有防雨、防灰尘的设施。

（5）根据泥金的面积计算用金量，提前加工好金浆。

操作工艺

（1）金浆配制：将库金去掉夹金纸放入盒内，再放入白芨粉用锤研磨捣碎均匀，放入少许蛋清研磨，研磨精细后再渐加蛋清搅拌均匀，使金、白芨、蛋清融为一体即可，稀稠度以虚实度而定。研磨完后用毛笔蘸金浆，涂于指甲上试验，不透地为好。装碗待用。

（2）涂刷：做混金（大面积泥金）的可用毛笔、羊毛刷蘸浆从上至下涂刷，不宜过厚，不漏地，涂刷均匀即可，一次成活。做线条图案的先拍好谱子，用笔蘸浆沿谱子线描绘。金浆干好后即金色明亮。

质量要求

主控项目：

（1）库金符合有关质量标准，经鉴定合格后使用。

（2）提前做好样品，报审批准后再实施。

一般项目：

无流坠，涂刷均匀，金色光亮持久，金黄夺目。

成品保护

(1) 金浆随使用随配置，不宜存放。

(2) 要有防雨、防灰尘的措施，施工的四周及下方做好保护，防止相互污染。

(3) 泥金后禁止触摸，拆架子时防止磕碰。

应注意的问题

(1) 泥金地仗生油要干透，磨砂纸过水布而不攒腻子，地仗有砂眼可上定粉。打扫干净后再做泥金。

(2) 露天泥金时应注意天气变化，阴雨或大于三级风的天气不应操作，或采取有效措施方可操作。

任务三　其他金活

除贴金以外还有几种其他饰金的做法，现代大部分不做或者是近乎失传，这种情况在北方尤为突出。这里将这些珍贵的传统工艺介绍给读者，仅供参考。

(1) 撒金

在北京的古建筑中有些照壁门、屏门上饰以正方形的小块金饰，这种做法就是撒金。金块给观赏者以富有之感，似乎是一盆金块泼在了门上。

操作工序：地仗和油饰做完以后，视门上罩的光油油皮将要风干，稍有黏度时，不烣不擦，把金箔撕成20mm见方，不用打金胶，直接向油皮上贴，金块要放正，梅花形贴金。金块的大小视门的面积而定，如果门的面积大金箔就撕得大一些，门的面积小金箔就撕得小一点，金箔块大间距也放大一些，金箔块小间距就密一点，一般间距在60mm，金箔贴成满天星使得沿横向、纵向和斜向45°不成行，不成列。贴金以前的半干油漆地如果被手不小心摸过了，就还要再罩一道光油，而后向上面贴金。贴上金以后，不必擦揉飞金就可以交活。

(2) 描金

描金技术多用于佛像、衣甲。

佛像衣甲上的金活用金胶漆，在大漆地上用笔描出花纹图案，过去专门做这项工作的叫描金匠，描好以后入窖（在大漆一节中介绍），过了8小时以后出窖，贴库金、赤金，把金箔撕成10mm宽，间断性地贴，贴上以后用棉花拢，最后在贴了金的花纹上刷一道罩漆。如果使用一种泥金的材料直接描金，可以不刷罩漆。也可以在普通油饰上用金胶油描出各种花纹，贴金。

(3) 扫金

重要的匾额，较大面积的金活多用扫金。扫金比贴金要光亮饱满得多，用金量也多，是贴金用量的三倍。

扫金用的金粉是油工用金箔碾碎成末而成，制作时金粉要做一个专用的金筒子，把金箔放在金筒子的箩面上，用大羊毫笔揉筛、碾碎，使金粉从绫子的孔隙中漏进金筒子第二层的底上。金筒子是两截的，箩以上是上半截，以下是下半截，在筒子里磨碎金箔，一点也不会落到外面，直到全部粉碎落下去为止。然后，把金粉从筒子里倒在一张光面纸上包好。

地仗做成以后，要在上面刷两道垫光油，用砂纸磨平，炝过粉子，再擦干净。扫金以前要打两道金胶油隔一夜，注意不要沾上灰尘。所谓扫金就是用棉花蘸上碾磨成的金粉，一点一点地上金，边角不好下手的地方用羊毫笔，上金要用好羊毫笔。扫金一般都用在非常重要的工程上，通常使用库金。扫金的面积太大，可以用排笔上金，金全上满了以后，用棉花轻轻地推，小块的地方可以不拢，拿排笔把浮在表面的金粉扫干净，再用大团的棉花轻拢，拢匀，拢细为止。

在低处手能摸到的扫金活上面要罩一道光油，以免摸脏。但是，亮度不如没罩油的保色。扫金工艺的质量要求要比贴金高，金要达到不花、不目、光亮、饱满、一块晕（及整片金活都是一样，一块面，不留任何接头和痕印）。

(4) 拨金

拨金用在佛像的盔甲上。

在佛像上抹粗黏土泥，再抹细泥压光晾干。用 1 份血料中掺 1 份油满作粘接剂，在佛像上粘毛头纸（或者上好的高丽纸），在纸上面抹定粉，分几遍抹，抹一遍压光一遍，抹完以后刷一遍鸡蛋清。干透以后，用羊毫剪掉笔尖，蘸上泥金加工出的金浆刷金，使用前一天泡上的麂皮或牛皮刮平、刮匀，在上面再刷一遍鸡蛋清。干稳定以后，在金层上面满刷颜色（颜色是设计好的图案色彩，颜料中掺入水胶），潮干以后盖上湿布。拨金匠用牛角或象牙签拨开颜料，拨出金黄色的花纹和衣纹，拨到一处就揭开那一处的湿布，随拨随揭，全部拨完以后去掉湿布。

项目六 烫蜡

硬木、楠木结构或装修大部分不做油漆彩画，制作时在表面烫一层蜡，保护木质本色，露出木纹。松木、杂木装修通过套色烫蜡仿硬木。

适用于木质装修、花罩、牌匾等的烫蜡工艺。

材料要求

(1) 白蜡：又称硬蜡、固体蜡，应纯正、无杂质，以四川生产的川白蜡质量最好。

(2) 木炭：果木炭为好。燃后不应有崩火现象。

(3) 棉丝或擦布：干净、无油污。

(4) 色腻子：滑石粉、石膏、大白掺颜料配成。

主要工具

蜡烘子、蜡刷子、白粗布、油刷子、砂谷子、大碗、铁桶、油桶、竹铲、扫帚、铲刀、喷灯、电风机、木工刨、油刷、煤火炉。

作业条件

(1) 烫蜡部位周边做好防护，不得污染。

(2) 做好安全防火工作。消防措施、消防器材安全有效，并设专人负责防火工作。动用明火须经防火部门批准。

(3) 烫蜡处木质应干燥，含水率不大于12%，并安装后验收合格，才可进行此项工作。

(4) 提前做出样板，经有关人员同意后方可实施。

(5) 烫蜡部位高于2m以上时应搭设架子或使用高凳，均须稳固、安全。

操作工艺

1) 配色

(1) 配色前的准备

木装修制成以后表面还会有手摸过的痕迹，以及刨花的印迹，用砂纸顺着木纹打磨平整，用腻子把木节子裂缝找平磨光，湿布掸净。

(2) 熬颜色

在砂锅里放入颜料：有松木、枳子、槐树籽、大红、黑矾、烟子、章丹，加水熬成，分硬木三色不同而掺入不同颜料。

(3) 华梨色

华梨色是用松木、枳子、大红、黑矾试调制而成。先熬松木（木质黄色）和枳子，熬一个小时左右，掺入大红和黑矾，再熬半小时，如果颜色不够深，就再加入一些相应的植物颜料，熬成以后用箩澄出。熬成的枳子和松木是金黄色，枳子烫上蜡以后反白，如果是清漆罩面可以用黑大粉、红大粉、黄大粉配成罩油刷上以后不反白色。

(4) 紫檀色

配色方法和华梨色相同，只是其中不放入大红，熬成刷在木基层上就是紫檀色。

（5）金丝楠木色

楠木有两种，一种是黄楠呈黄色，一种是金丝楠，现已没有了，色泽深棕。楠木色用槐树籽和黑矾熬成，1份槐树籽，0.5份黑矾，分别熬制，先熬槐子一个小时，再倒入黑矾，根据设计颜色的深度情况可适当调整。

（6）黄檀色

黄檀色中黄用松木枳子、槐树籽、章丹配成，把枳子和松木放在一起熬一小时，单独熬槐树籽一小时（色发老）。先要做出色样，按色样试配颜色，配成熬制以后，在里面放适量的章丹。

（7）拼色

又称刷色，熬好的颜色用刷子或排笔刷在木器上，不等大片都干就开始配色，把木节、木疤染成和大片色一致叫拼色或随色。

（8）硬木三色

门窗装修有用硬木三色油饰的，槅扇大边、抹头用花梨色，棂花条、绦环板是黄檀色，抱框、上中下槛、棂花用紫檀色，花罩大边、雕刻用紫檀色，仔边用黄檀色。

2）基层处理

（1）用扫帚、擦布将木件上的灰尘清扫干净。

（2）根据木件材质的不同，选用较为适当的砂纸顺木纹进行反复打磨，去掉毛刺、墨线、胶迹，磨平磨光，不应有砂纸划痕。有油污处用碱水擦洗，清水刷净晾干，并将场地打扫干净。

（3）对木件上的钉子眼、砂眼、缺棱、拼缝处，用带色的石膏腻子刮抹平整，腻子的颜色与木件颜色相同或略浅一点。腻子干好后用砂纸顺木纹打磨，磨好后用湿布将粉末擦净。

3）套色

（1）烫蜡的基层须套色时，应套水色不宜套油色。

（2）基层颜色不一样时应调制水色找补或满刷，干好后基层颜色基本一致，达到理想的效果后，用油刷将表面清理干净。

（3）同一木质要三种颜色，俗称"硬木三色"，实际上是仿硬木的颜色做出逼真的假活。如槅扇的芯屉、边框、槛框或落地罩的芯屉、边框、槛框分别做出黄檀色、花梨色、紫檀色。根据需要的颜色，分别调制水色，刷于木件上。先刷内后刷外，也就是先刷浅色，后刷深色。干好后用毛刷清理干净。

4）熬蜡

将硬蜡块砸成小块放入铁桶内，移至煤炉上熬炼。蜡块受热后很快变成液体，开锅后捞去杂质，倒入小油桶内。

5）刷蜡

将熬好的液体蜡用油刷涂于木件上，先上后下、先左后右、先里后外进行涂刷。刷蜡应均匀有序，蜡凉略有凝固及时加温或换热蜡。

6）烤蜡

用喷灯、电风机或蜡烘子进行烤蜡，让蜡受热后渗入木质，蜡少不匀可边烤边刷。木地板烤蜡，剔脚板先刷蜡，地板可刷蜡烤也可直接烤硬蜡。烤硬蜡就是将蜡制成刨花状或捣碎成小颗粒，均匀地洒在地板上。点燃木炭放在蜡烘子上，两人各持蜡烘子的一侧，距地板 10cm 左右，前后移动。用木炭的热度使蜡融化后渗入木质。

7）起蜡

蜡烘子把蜡烫到不往木质中钻了为止，停放晾凉以后，用竹铲、木铲顺木纹将浮在木件表面的余蜡铲除干净，露出木质，边铲边清扫蜡屑。及时回收蜡屑二次熬炼。

8）擦蜡

用棉丝、擦布先鞅角后大面顺其木纹反复擦拭，先重擦后轻擦，打出亮度。棉丝或擦布脏了及时更换。擦的木件表面无余蜡，色彩一致，不花，饱满光亮，出光出亮整洁为止。

9）清理

专人负责检查木件鞅角，返手有无余蜡或布毛，未擦净的地方，用干净擦布再次擦拭。并将木件大面的灰尘及触摸的痕迹清理干净。把环境、地面打扫干净，烫蜡工作就此结束。

质量标准

主控项目：

(1) 施工方案、施工工艺经报审批准后方可实施。

(2) 木件烫蜡前须经有关部门检查验收合格后才能进行此项工作。

(3) 按设计出具的色标做出样板，经有关人员确认后再进行此项工作。

(4) 所用材料品种符合有关质量标准。

一般项目：

(1) 蜡质纯正，薄厚均匀，无漏烫，表面无污迹。

(2) 木质颜色一致，平整、光滑、无色差，不应烫糊木质。

(3) 各种颜色的结合部直顺，无相互污染。

(4) 牌匾字贴金或扫青、扫绿，地仗烫蜡，字鞅无蜡迹，不影响贴金、扫青、扫绿质量。

成品保护

(1) 烫蜡处与相邻部位提前做好防护，烤蜡时要用镀锌薄钢板遮挡，以防污染。

(2) 木地板烫蜡，操作人员不准穿硬底鞋并应穿戴鞋套。

(3) 起蜡不应使用较锋利的工具，避免损伤木质。

应注意的问题

(1) 熬蜡远离易燃物，蜡液温度不宜过高，否则刷蜡时会将刷毛烧掉。

（2）烤蜡时距木件不宜太近，免得将木件烤糊变色。

（3）用喷灯烤蜡，喷灯加油、点火必须在室外安全处进行。

（4）下班后要认真巡视，在无火灾隐情的情况下才能离开现场。

另附：擦软蜡工艺

擦软蜡有三种做法，即上热桐油、上清漆、上火酒（酒精）漆片。

（1）装修

装修的基层刷过水色以后，用熟桐油1份、掺煤油0.3份的油满刷一道，不打不磨。

（2）白蜡

白蜡1份掺黄蜡1份烧热，溶解，晾凉以后掺入40%的煤油，搅匀制成软蜡。

（3）刷清油

装修大面刷两道清油，花雕刷一道，干透以后用零号砂纸磨光，再带上水，水磨一遍，打磨时不要伤着木质，不要打掉颜色。

（4）刷蜡

用油刷或粗布蘸上软蜡在装修面上刷或者擦，要擦匀。

（5）擦蜡

刷过蜡以后晾3～4个小时，拿粗白布擦净出亮。要求颜色一致、不花，光亮饱满。

项目七　匾额制作

古建筑匾额楹联除作为建筑装饰以外，还可以渲染该建筑与环境之间的意境，介绍建筑的用途与身份，使得人文、诗意、书法、景观文化内涵得到充分的表现，是中国建筑特有的装饰艺术。

制作匾额要用生长多年的旧红白松、杉木以及其他不易变形的木料。匾额地仗要双面使麻，做一麻五灰地仗，在中灰上多做一道渗灰，过板以后用糊刷蘸上水刷出垄，再上一道细灰，钻生，刻字。

宫殿庙宇的匾额有金字、扫青地、扫绿地和扫蒙金石的做法。扫青、扫绿是在地仗上面罩两道光油以后，在准备扫青、扫绿的部位满刷一道稍浓的光油。适用于木质匾额的地仗，基层、表层油皮及贴金表层或扫青、扫绿工艺。

材料要求

(1) 灰油：稠度适宜，易干燥。

(2) 砖灰：各种砖灰符合标准，要干净、干燥，无杂质。

(3) 血料：纯正、无杂质。自己发制、购买均可。

(4) 线麻：麻丝顺畅柔软，长度适宜，无硬纸。

(5) 生桐油：桐树、木油树的果实榨取的液体，纯正、无杂质。不应使用桐油、梓油、蓖麻油混合油的代用品。

(6) 油满：白面、灰油调制而成，稠度适宜，无面团、无疙瘩。

(7) 黑磁漆：也可用黑硝基漆或黑无光漆。须在保质期内。

(8) 金胶油：自己熬制，稠度适宜，结膜或干燥时间长，俗称隔夜金胶。

(9) 铁红漆：在保质期内。

(10) 金箔：库金、赤金或铜箔，纯正不变质、变色。

(11) 朱红油漆：自己配制或购买，颜色纯正、艳丽。

主要工具

半截桶、把桶、油桶、水桶、碗、油勺、过板、皮子、铁板、油刷、油画笔、毛笔、毛刷、刻刀、箩、盒尺、铅笔、网珠笔。

作业条件

(1) 匾额木胎预制加工完毕，铁活安装妥当。

(2) 字样根据匾额尺寸复制好。各种材料到位。

(3) 作业场所通风、干燥、避雨。数量多可搭设操作平台，否则利用矮木凳，铁凳也可，但要用软物将凳缠裹，防止硌伤匾额地仗。

操作工艺

1. 地仗

匾额地仗做法同一麻五灰、二麻六灰或一麻一布六灰做法。材料配合比同一麻五灰。所不同的是在匾额正面在中灰后增加了一道渗灰。渗灰的做法就是满攒一道细灰，厚度视字的大小而定，一般 3～4mm。攒好刮平后立即用扫帚在灰的表面走一遍，划出大小不等的沟来，沟的深度 1～2mm。渗灰基本干好后用铁板去其浮籽及余灰，打扫干净再找细灰、攒细灰。

2. 先做匾额的背面，后做正面

背面钻生后再做正面的渗灰。正面刻字前背面用铁红油漆油饰完，二遍油即可。不使腻子只磨垫光。

3. 拓字

不等生油干就刻字。刻字先把字样拓到匾额上。拓字方法有以下几种：

(1) 在匾额刻字处擦上立德粉，挂好横竖中线，字样摆放整齐，垫好复写纸，用铅笔、圆珠笔沿字的笔画边缘描写，拿掉字样，字的原形就明显地留在匾额上了。

(2) 先试摆字样，位置确定后在匾额地仗上过水布，字样背面擦涂立德粉，摆放于匾额上，用铅笔沿字的笔画边缘描写，当去掉字样后字的白色轮廓线就展现在地仗上了。

(3) 先试摆字样，位置确定后，生油地上过水布。在字样的背面用毛笔蘸大白浆沿字的边缘描写，平铺在匾额上，用手轻擦字样，去掉字样后白粉就粘在地仗上了，显露出字的原状。

4. 刻字

有阴刻、阳刻、锓阳刻三种方法：

(1) 阴刻：用刻刀沿字的轮廓线由左至右，由上至下，深度以笔画大小而定。用平铲刀或半圆形刻刀去掉字体，底部呈凹形或"U"字形。用砂布条打磨平整，再次用油画笔给字体钻生一遍。

(2) 阳刻：也称落地刻。字的笔画不动，只刻掉字的周边地仗，使字高于地仗。用砂纸打磨平整后，用油画笔沿字的外轮廓线钻生一遍。

(3) 锓阳刻：刻刀沿字的笔画外缘垂直下刀，刀柄微向笔画外侧倾斜，把字形刻出。用铲刀去掉笔画两侧地仗，使笔画上部呈椭圆形，并用砂纸打磨干净，去掉刀痕，字体钻生油一遍，生油干好后攒腻子刷油。

5. 堆字

地仗做好后拓字。用刻刀把字体剔除掉，将麻露出，沿字笔画外缘内约6～8mm钉寸钉，高出地仗1cm左右，钉子上缠蘸过浆的麻，再做粗灰、中灰、细灰、钻生。再拓字样，保留字体，去掉多余的灰，刻磨成形，再次钻生。生油干好后方能攒腻子刷油。

6. 木胎字

精选干燥木板，两面刨光，厚约2～3cm，字拓于木板上，用锼弓锯沿字外缘锼刻，用铲刀、砂纸铲磨字体顶部，使笔画呈椭圆形。再用同一字样将字拓于匾额的地仗上，用阴刻的方法将字剔出，深度2～3mm。将字安放于刻好的凹槽内粘钉牢固，字与地仗的缝隙找补中灰、细灰。为防止木字开裂，可糊布一道并找补细灰，最后打磨，钻生成活。

7. 油饰贴金

地仗清理干净刷油，一般用黑磁漆或黑硝基漆。2人操作，1人刷油，1人用油栓或油画笔把字靸里的油调理出来，防止窝油。晾干1～2日后磨垫光，再刷二、三道油，油干好后用 200 号水砂纸蘸水做磨退。匾额大面及四周棱面反复蘸水打磨，一次不成活再刷油打磨，直至油皮乌黑发亮无任何痕迹后才算成活。然后擦净晾干打金胶贴金。库金不用罩金，赤金、铜箔必须罩金。为增加匾额质感，贴金后在磨退的油皮上擦遍核桃油。擦核桃油的方法：将两个核桃的仁用双层纱布包裹严紧，用锤子捣碎，油就浸入纱布内，即可擦拭。擦完后立即用纱布沿一个方向再擦一遍，去其擦痕。

8．扫青或扫绿

宫殿庙宇的匾额有金字、扫青地、扫绿地和扫蒙金石的做法。扫青、扫绿是在地仗上面罩两道光油以后，在准备扫青、扫绿的部位满刷一道稍浓的光油，要求肥瘦一致，均匀整齐，停放一天，再上一道与扫青、扫绿颜色相同的色油。

（1）字扫青、扫绿：色油地风干以后，在油面上再上一道熟桐油，随着上油随用 80 目的箩往桐油上筛石绿（现在用洋绿），颜料厚度以底油最高点算达到 3mm 为止。把上好颜色的匾放在阴凉处过 24 小时，用大羊毫笔或尺寸与字宽相当的崭新油刷，扫掉浮在表面的大部分石绿，要轻轻地向下扫，这是头扫，再停放 12 小时，将残存在表面的石绿全部扫下来，叫二扫。扫净以后用干净布或新棉花擦净绿活范围以外的石绿。绿字做成以后再做扫青的地。如果要求青字绿地就先做青字后做绿地。

（2）扫蒙金石：蒙金石是一粒径约 1mm 的整石粒，颜色由红、黄、蓝、白、黑、金等各种颜色组成。

操作过程和扫青、扫绿完全相同，最后一道熟桐油的厚度要适当肥一些，筛上蒙金石以后，放在阴凉处晾 24 小时后进行头扫，再过 24 小时后进行二扫。

应注意：扫青、扫绿、扫蒙金石的匾额如果做贴金活，那么，应该先贴金，后扫青、扫绿、扫蒙金石。

9．匾额字的处理

匾额种类繁多，形态各异。传统习惯，匾上的字应由右至左排列。满汉合璧满文为上，列在右侧。满、汉、蒙、藏合璧由右至左排列。额的字竖向排列，右为上。匾的题字如为皇帝、皇后的墨宝，其印章无论几方均置匾的中上方。一般人的题字，迎首章位于右上与匾字平齐，朱红油饰。落款于左，名章在上，号章在下，名章阳刻，号章阴刻。落款一般姓名贴金，其他字为朱红。名章字为朱红，地为金。号章字为金，地为红。

1）阴字

（1）拓字

按匾额尺寸写字样，拓字。把字样描在纸上，用毛笔蘸上铅粉或淀粉（也称定粉，化工原料）水描实，放在匾额的地仗上，摆端正，用布在匾上擦字就拓上了。如果白色地就用香火头描，做法同上。字样不用保留了，就把纸糊在匾上，叫糊字样，字体的尺寸可以适当放大或缩小。

（2）刻字

沿着字样边沿用斜刀稍向里倾斜把字边刻出来，再往里刻，铲出泥鳅背形，脊背的最高点要和匾地平面一样高，刻下去的深度要随字，笔划宽就刻得深一些，笔划窄就刻得浅一些，字形要有立体感，不得出现死棱角，不能损坏笔体。下款小字是一边一刀就可以铲出来，落成"V"字形。阴字底完全是平面的叫平落，刻法是先勒边，再把底铲平。

2）阳字

阳字是字体突出匾的平面，刻字时先刻出字样，把字体以外的大面铲下去，铲平，留下的鼓面字样就是阳字，字体上面是平的。现在做阳字的方法是用薄木板镂出字样，钉在匾上再做地仗。

大漆匾做法是先做一麻五灰地仗，在地仗上刻字，上一道血料细腻子，磨光，而后上大漆和退光漆。

3）堆字

堆字的准备工序和阴字相同，铲边落字，字比平面低 3mm 左右，然后钻生，堆字。

（1）钉竹钉

字体的笔道宽度超过 60mm 就要钉竹钉，钉三排钉，中间一排，两边各一排，呈梅花状布置，钉的长度占字宽的 1/2，先钻孔，后钉竹钉，钉的高度随字，中间高两边低。

（2）捆麻

用麻线先捆中间的一行，然后再用麻线把两边的竹钉和中间一排的连在一起，横截面呈半圆形。第一道灰堆得稍低于竹钉，用铁板顺平，刷一道油浆，刷去死垄，随高就低，笔道宽灰就堆得高一些，笔道窄就低一些，要堆顺，这道是扫荡灰，灰干透以后划出印道。

（3）中灰

用铁板上中灰，上满以后，拿刷子蘸浆，刷顺，干透。

（4）糊夏布

在中灰上刷油满糊夏布，笔道较窄在 25mm 以下者可以不糊布。

（5）压布灰

在干透的夏布上用铁板、小皮子、刷子上中灰，干透以后磨顺，磨光。

（6）细灰

字体的大片用铁板、发子刮灰挎灰，小面积用刷子蘸上水刷掉铁板刮出的棱角，干透以后用小砖头、砂纸磨细灰，钻生桐油一道。

堆字各道油灰不能离样，每做一道灰，字边就增厚一层，最后一道灰和字边的刻棱一样平。

（7）缉字

缉字就是在匾额上直接写字。

匾额地仗成活以后在上面拓字样，用捻子和细笔蘸上油漆描边，然后换大笔填字心，字体和匾在同一平面，不凹不凸。缉字以后要求不流，不坠，不花不走样，缉字多用在牌子上。

落款：在匾字的下款有两块印章，上边的印章是阳字叫"上阳"，下边的印章是阴字叫"下阴"。皇帝、太后的印章在匾的正中上方。

质量要求

主控项目：

（1）所用材料质量均应合格，符合有关质量标准要求。

（2）五金、花边雕饰安装牢固合理。字与匾的比例适当，字排列整齐。

（3）各灰层之间粘接牢固，无空鼓、开裂现象。

（4）匾额做地仗后须方正，不得变形。

一般项目：

（1）表面平整，一般油饰无痱子、无龟裂。磨退后的油皮平整、光滑、洁净，无色差。

（2）雕刻刀工准确，字不走样。雕刻深度适当，打磨光滑、不留刀痕。

（3）扫青、扫绿无漏地，色泽一致。与金活不应相互污染。

（4）贴金处金色光亮、无錾口，无漏贴。字軟整齐，罩金无漏罩现象。

成品保护

（1）操作场地有防风、防雨措施。

（2）匾额做好后应及时进行封匾额保护，防止触摸刮蹭。

（3）未挂匾额前应存放室内，软物垫妥，有序码放。搬运过程中应轻拿轻放，禁止挤压、磕碰。

应注意的问题

（1）木质匾额材质要干，最好使用陈年木材或旧料。

（2）匾用五金做地仗前安装妥当，梃钩不应外露。额用五金应安装牢固。室外挂额要有防风措施。

（3）每道工序地仗干好后再进行下道工序。

（4）工程基本竣工时安装匾额，安装后再去掉包装，并对匾额清理一遍。

项目八　油漆部分工程的计量

任务一　构件表面清理计量

1. 砍净挠白

砍净挠白为油彩大修施工表面基础处理施工方法之一。包括撕缝、楦缝、修补线角，并在木构造表面软砍出新斧迹。

斧刃倾斜使用，将旧木件上的油灰、麻皮全部砍净，残留在木件上的油灰水锈、污迹用挠子挠净。明清式称为砍净挠白。

砍净挠白工程量按其施作面积以平方米计量，砍净挠白按其施作面积，分别套用（明清）砍净挠白定额相应项目。

2. 闷水挠净

闷水挠净为油彩大修表面基础处理施工方法之一。包括撕缝、楦缝、修补线角。为用水将旧油灰皮闷透，剔挠干净，明清式称闷水挠净。

闷水挠净工程量按其施作面积以平方米计量，闷水挠净按其施作面积，分别套用（明清）闷水挠净定额相应项目。

3. 清理除铲

清理除铲为油彩中修表面基础处理施工方法之一。包括将木件表面浮土污痕清除干净、铲平，或在地仗完好的情况下铲除表面已破损的油漆皮及彩画。

用铲刀把油皮表面的疙瘩、爆起的油皮、木件接头、裂缝处松动的油皮铲除、撕缝、楦缝、修补线角。明清式称为清理铲除。

清理铲除工程量按其施作面积以平方米计量。清理铲除按其施作面积，分别套用（明清）清理铲除定额相应项目。

4. 新木件砍斧迹

新木件砍斧迹为油彩大修表面基础处理施工方法之一，包括撕缝、楦缝、修补线角，并清理浮灰。

新做的木构件表面光滑、平整，不利于木件与地仗油灰的粘接，用小斧子将其光面砍麻，其表面的雨锈、杂物、木屑得用挠子挠净，明清式称为新木件砍斧迹。

新木件砍斧迹工程量按其施作面积以平方米计量，新木件砍斧迹按其施作面积，分别套用（明清）新木件砍斧迹定额相应项目。

任务二　地仗工程计量

1. 地仗

地仗是油彩工程的基础工序，如同现代建筑的砖基础的垫层，有保护木骨衬地、找平作用。包括熬油、发血料、研磨砖灰、各种材料过箩筛，调制油满、调制各种灰料、梳麻或裁布，按传统工艺的操作规程分层施工。明清式称地仗，唐式、宋式称衬地。按其施作规格可分为使麻布灰和单皮灰两种。使麻布灰有：一布四灰、一布五灰、一麻五灰、二麻六灰、一麻一布六灰；使单皮灰有：四道灰、三道灰、二道灰和一道半灰。

地仗工程量按其施作面积以平方米计量，地仗按其施作规格及其面积，分别套用（明清）的地仗定额相应项目。

2. 修补地仗

修补地仗由捉中灰、找细灰和局部麻灰满细灰构成。

修补地仗为油彩维修表面基础处理施工方法，包括捉中灰找细灰做法：铲除表面的漆皮及彩画，将地仗表面磨毛、汁浆、捉中灰、找细灰；局部麻灰满细灰做法：将已龟裂空鼓部分的旧油灰皮（以面积不超过30%为准）砍掉，将未砍除部分表面磨出毛面，并在其边缘砍出麻口，其砍除部分施作重新做麻灰地仗，于磨毛部分汁浆、捉中油、刮细灰。明清式称修补地仗。

修补地仗按其施作面积，分别套用（明清）修补地仗定额相应项目。

3. 一道半灰地仗

一道半灰地仗为单皮灰地仗最简单的一种，按传统工艺操作规程分层施工依次为：汁浆、中灰捉缝、找细灰、钻生桐油。明清式称为一道半灰地仗。

一道半灰地仗定额以其施作面积设项，一道半灰地仗按其施作面积，分别套用（明清）一道半灰地仗定额相应项目。

4. 二道灰地仗

二道灰地仗为单皮灰地仗较简单的一种，按传统工艺操作规程分层施工依次为：汁浆、中灰捉缝、满细灰、钻生桐油。明清式称为二道灰地仗。

二道灰地仗定额以其施作面积设项，二道灰地仗按其施作面积，分别套用（明清）二道灰地仗定额相应项目。

5. 三道灰地仗

三道灰地仗为单皮灰地仗比较好的一种，按传统工艺操作规程分层施工依次为：汁浆、捉缝灰、中灰、细灰、钻生桐油。明清式称为三道灰地仗。

三道灰地仗定额以其施作面积设项，三道灰地仗按其施作面积，分别套用（明清）三道灰地仗定额相应项目。

6. 四道灰地仗

四道灰地仗为单皮灰最好的一种地仗，按传统工艺操作规程分层施工依次为：汁浆、捉缝灰、通灰、中灰、细灰、钻生桐油。明清式称为四道灰地仗。

四道灰地仗定额以其施作面积设项，四道灰地仗按其施作面积，分别套用（明清）四道灰地仗定额相应项目。

7. 一麻一布六灰地仗

一麻一布六灰地仗为麻（布）灰地仗中之一种，按传统工艺操作规程分层施工依次为：汁浆、捉缝灰、通灰、粘麻、压麻灰、糊布、压布灰、中灰、细灰、钻生桐油。明清式称为一麻一布六灰地仗。

一麻一布六灰地仗定额以其施作面积设项，一麻一布六灰地仗按其施作面积，分别套用（明清）一麻一布六灰地仗定额项目。

8.二麻六灰地仗

二麻六灰地仗为麻（布）灰地仗中之一种，按传统工艺操作规程分层施工依次为：汁浆、捉缝灰、通灰、粘头层麻、压麻灰、粘二层麻、压麻灰、中灰、细灰、钻生桐油。明清式称为二麻六灰地仗。

二麻六灰地仗定额以其施作面积设项，二麻六灰地仗按其施作面积，分别套用（明清）二麻六灰地仗定额相应项目。

9.一麻五灰地仗

一麻五灰地仗为麻（布）灰地仗中之一种，按传统工艺操作规程分层施工依次为：汁浆、捉缝灰、通灰、粘麻、压麻灰、中灰、细灰、钻生桐油。明清式称为一麻五灰地仗。

一麻五灰地仗定额以其施作面积设项，一麻五灰地仗按其施作面积，分别套用（明清）一麻五灰地仗定额相应项目。

10.一布五灰地仗

一布五灰地仗为传统工艺操作规程分层施工麻灰地仗之一种，按传统工艺操作规程分层施工依次为：汁浆、捉缝灰、通灰、糊夏布、压布灰、中灰、细灰、钻生桐油。明清式称为一布五灰地仗。

一布五灰地仗定额以其施作面积设项，一布五灰地仗按其施作面积，分别套用（明清）一布五灰地仗定额相应项目。

11.一布四灰地仗

一布四灰地仗为其传统工艺操作规程分层施工麻灰地仗之一种，按传统工艺操作规程分层施工依次为：汁浆、捉缝灰、糊夏布、压布灰、中灰、细灰、钻生桐油，明清式称为一布四灰地仗。

一布四灰地仗定额以其施作面积设项，一布四灰地仗按其施作面积，分别套用（明清）一布四灰地仗定额相应项目。

任务三 外檐平面构件表面处理计量

1.平面砍净挠白

于山花、博缝板、挂檐板表面比较平整的工作面，砍净挠白包括撕缝、楦缝、修补线角、砍除全部旧油皮、挠除水锈斑痕，并在木构造表面砍出新斧迹。明清式称为平面砍净挠白。平面砍净挠白工程量按其施作面积（立闸山花按露明三角形面积；博缝板、挂檐（落）板、滴珠板正面积按全长乘以宽计算面积；背面积按正面积乘以 0.8 计算，底面不计算）以平方米计量。

平面砍净挠白定额以其施作规格（地仗分档：麻灰地仗、单皮灰地仗）设项，平面砍净挠白按其施作规格及其面积，分别套用（明清）平面砍净挠白定额相应项目。

2.雕刻面砍净挠白

于山花、博缝板、挂檐板雕凿之表面，砍净挠白包括撕缝、楦缝、修补线角、砍除全部旧油皮、挠除水锈斑痕，并在木构造表面砍出新斧迹。明清式称为雕刻面砍净挠白。

雕刻面砍净挠白工程量按其施作面积（立闸山花按露明三角形面积；博缝板、挂檐（落）板、滴珠板正面积按全长乘以宽计算面积；背面积按正面积乘以0.8计算，底面不计算）以平方米计量。

雕刻面砍净挠白定额以其施作规格（地仗分档：麻灰地仗、单皮灰地仗）设项，雕刻面砍净挠白按其施作规格及其面积，分别套用（明清）雕刻面砍净挠白定额相应项目。

悬山博缝板、挂檐（落）板正面、背面做法不同，应分别执行定额，挂檐板若绘制彩画则执行木构架彩画定额。

3.外檐清理除铲

对山花、博缝、挂檐板的清理除铲包括将木件表面浮土污痕清除干净、铲平，或在地仗完好的情况下铲除表面已破损的油漆及彩画，以及撕缝、楦缝、修补线角。明清式称为外檐清理除铲。

外檐清理除铲工程量按其施作面积（立闸山花按露明三角形面积；博缝板、挂檐（落）板、滴珠板正面积按全长乘以宽计算面积；背面积按正面积乘以0.8计算，底面不计算）以平方米计量。

外檐清理除铲定额以其施作面积设项，外檐清理除铲按其施作面积，套用（明清）外檐清理除铲定额相应项目。

4.檐新木件砍斧迹

新做的山花、博缝板、挂檐板木构件表面光滑平整，不利于木件与地仗油漆的粘接，用小斧子将其光面砍麻，其表面的雨锈杂物木屑用挠子挠净，包括撕缝、楦缝、修补线角。明清式称为外檐新木件砍斧迹。

外檐新木件砍斧迹工程量按其施作面积（立闸山花按露明三角形面积；博缝板、挂檐（落）板、滴珠板正面积按全长乘以宽计算面积；背面积按正面积乘以0.8计算，底面不计算）以平方米计量。

外檐新木件砍斧迹定额以其施作砍斧设项，外檐新木件砍斧迹按其施作面积，套用（明清）外檐新木件砍斧迹定额相应项目。

任务四 外檐平面地仗、油漆工程计量

外檐平面地仗工程量按其施作面积（立闸山花按露明三角形面积；博缝板、挂檐（落）板、滴珠板正面积按全长乘以宽计算面积；背面积按正面积乘以0.8计算，底面不计算）以平方米计量。

1.外檐平面地仗

于山花、博缝板、挂檐（落）板、滴珠板比较平整的表面做油漆彩画之背底，

明清式称为外檐平面地仗。

外檐平面地仗定额以其施作规格（地仗分档：二布六灰、一麻一布六灰、一麻五灰、一布五灰、四道灰、三道灰）设项，外檐平面地仗按其施作规格及其面积，分别套用（明清）外檐平面地仗定额相应项目。

2. 外檐浮雕面麻灰地仗

于山花、博缝板、挂檐板、挂落板、滴珠板雕饰表面做麻灰背底，明清式称为外檐浮雕面麻灰地仗。

外檐浮雕面麻灰地仗定额以其施作规格（地仗分档：一麻一布六灰、一麻五灰、一布五灰）设项，外檐浮雕面麻灰地仗按其施作规格及其面积，分别套用（明清）外檐浮雕面麻灰地仗定额相应项目。

3. 外檐浮雕面单皮灰地仗

于山花、挂檐板、挂落板、滴珠板雕饰表面做背底，明清式称为外檐浮雕面单皮灰地仗。

外檐浮雕面单皮灰地仗定额以其施作规格（地仗分档：四道灰、三道灰）设项，外檐浮雕面单皮灰地仗按其施作规格及其面积，分别套用（明清）外檐浮雕面单皮地仗定额相应项目。

4. 外檐刮泥子刷油漆

于山花、博缝板、挂檐板上不按传统工艺操作，而按近代工艺操作规程施工，包括调兑泥子及各色油漆（光、油）、刮补泥子、分层涂刷，明清式称为外檐刮泥子刷油漆。

外檐刮泥子刷油漆定额以其施作规格（表面分档：平面、雕刻面；油漆分档：醇酸磁漆、醇酸调合漆、颜料光油、罩光油）设项，外檐刮泥子刷油漆按其施作规格及其面积，分别套用（明清）外檐刮泥子刷三道油漆定额相应项目。

5. 梅花钉贴金

于博缝板之梅花钉上打贴金箔，包括熬制金胶油、涂刷金胶油、贴金（银、铜）箔及搭拆防风帐等全部工作内容，明清式称为梅花钉贴金。

梅花钉贴金工程量按其施作面积：按博缝板正面全长乘以宽计算面积。

梅花钉贴金定额以其施作规格（金箔分档：库金、赤金、铜箔）设项，梅花钉贴金按其施作规格及其面积，分别套用（明清）梅花钉贴金定额相应项目。

6. 山花板浮雕绶带贴金

在已经做好的传统工艺操作规程分层施工的浮雕山花板地仗上涂刷油漆及贴金，明清式称为山花板浮雕绶带贴金。

山花板浮雕绶带贴金工程量按其施作面积：立闸山花板以露明三角形面积计算。

山花板浮雕绶带贴金定额以其施作规格（二道油漆分档：颜料光油、醇酸磁漆、醇酸调合漆；金箔分档：库金、赤金、铜箔）设项，山花板浮雕绶带贴金按其施作规格及其面积，分别套用（明清）山花板浮雕绶带贴金定额相应项目。

7. 山花平面绶带沥粉贴金

在已经做好的传统工艺操作规程分层施工的平面山花板地仗上涂刷油漆及沥粉贴金，明清式称为山花平面绶带沥粉贴金。

山花平面绶带沥粉贴金工程量按其施作面积：立闸山花板以露明三角形面积计算。

山花板平面绶带沥粉贴金定额以其施作规格（二道油漆分档：颜料光油、醇酸磁漆、醇酸调合漆；金箔分档：库金、赤金、铜箔）设项，山花板平面绶带沥粉贴金按其施作规格及其面积，分别套用（明清）山花板平面绶带沥粉贴金定额相应项目。

8. 挂檐板浮雕大边及云盘线贴金

在已经做好的传统工艺操作规程分层施工的挂檐板浮雕大边及云盘线地仗上涂刷油漆及贴金，明清式称为挂檐板浮雕大边及云盘线贴金。

挂檐板浮雕大边及云盘线贴金定额以其施作规格（二道油漆分档：颜料光油、醇酸磁漆、醇酸调合漆；金箔分档：库金、赤金、铜箔）设项，挂檐板浮雕大边及云盘线贴金按其施作规格及其面积，分别套用（明清）挂檐板浮雕大边及云盘线贴金定额相应项目。

9. 挂檐板平面大边及云盘线沥粉贴金

在已经做好的传统工艺操作规程分层施工的挂檐板平面地仗上表面涂刷油漆及大边及云盘线沥粉贴金，明清式称为挂檐板平面大边及云盘线沥粉贴金。

挂檐板平面大边及云盘线沥粉贴金定额以其施作规格（二道油漆分档：颜料光油、醇酸磁漆、醇酸调合漆；金箔分档：库金、赤金、铜箔）设项，挂檐板平面大边及云盘线沥粉贴金按其施作规格及其面积，分别套用（明清）挂檐板平面大边及云盘线沥粉贴金定额相应项目。

10. 挂檐板浮雕大边及万字纹贴金

在已经做好的挂檐板浮雕大边及万字纹地仗上涂刷油漆及贴金，明清式称为挂檐板浮雕大边及万字纹贴金。

挂檐板浮雕大边及万字纹贴金定额以其施作规格（二道油漆分档：颜料光油、醇酸磁漆、醇酸调合漆；金箔分档：库金、赤金、铜箔）设项，挂檐板浮雕大边及万字纹贴金按其施作规格及其面积，分别套用（明清）挂檐板浮雕大边及万字纹贴金定额相应项目。

11. 挂檐板平面大边及万字纹沥粉贴金

在已经做好的挂檐板平面地仗上涂刷油漆大边及万字纹及沥粉贴金，明清式称为挂檐板平面地仗上大边及万字纹沥粉贴金。

挂檐板平面上大边及万字纹沥粉贴金定额以其施作规格（二道油漆分档：颜料光油、醇酸磁漆、醇酸调合漆；金箔分档：库金、赤金、铜箔）设项，挂檐板平面大边及万字纹沥粉贴金按其施作规格及其面积，分别套用（明清）挂檐板平面大边及万字纹沥粉贴金定额相应项目。

12. 挂檐板浮雕大边及博古贴金

在已经做好的挂檐板浮雕大边及博古地仗上涂刷油漆及贴金，明清式称为挂檐板浮雕大边及博古贴金。

挂檐板浮雕大边及博古贴金定额以其施作规格（二道油漆分档：颜料光油、醇酸磁漆、醇酸调合漆；金箔分档：库金、赤金、铜箔）设项，挂檐板浮雕大边及博古贴金按其施作规格及其面积，分别套用（明清）挂檐板浮雕大边及博古贴金定额相应项目。

13. 挂檐板平面大边及博古沥粉贴金

在已经做好的挂檐板平面地仗上涂刷油漆大边及博古沥粉及贴金，明清式称为挂檐板平面大边及博古沥粉贴金。

挂檐板平面大边及博古沥粉贴金定额以其施作规格（二道油漆分档：颜料光油、醇酸磁漆、醇酸调合漆；金箔分档：库金、赤金、铜箔）设项，挂檐板平面大边及博古沥粉贴金按其施作规格及其面积，分别套用（明清）挂檐板平面大边及博古沥粉贴金定额相应项目。

14. 扣油

贴金完成以后，为了使金线更加整齐和光彩夺目，于没有打贴金（铜）箔的油饰上再罩一道与上道颜色相同的光油，定额称为扣油。

如山花板浮雕绶带贴金、山花平面沥粉贴金、挂檐板浮雕大边及云盘线贴金、挂檐板平面大边及云盘线沥粉贴金、挂檐板浮雕大边及万字纹沥粉贴金、挂檐板平面大边及万字纹沥粉贴金、挂檐板浮雕大边及博古贴金、挂檐板平面大边及博古沥粉贴金定额规定了扣末油，故不需要另外再计算工程量和套用其他项目计算价格。

任务五　椽望地仗、油漆工程的计量

椽望定额以其施作规格（椽子直径分档：7cm以内、12cm以内、12cm以外）设项，清除椽望旧油灰皮按其施作规格及其面积，分别套用（明清）定额相应项目。

椽望工程量按其施作面积以平方米计量。

1. 椽望地仗、油漆

椽望地仗、油漆为椽子肚皮及与其连成一体的望板包括连檐、闸挡板、椽梳、隔椽板等附属构件在内的外露面层的背底及其全部油漆涂刷。

椽望片金彩画包括椽望全部油漆及椽肚望板片金图案的沥粉贴金，不包括椽头端面画。

椽望地仗、油漆、片金彩画工程量按其对应的屋面积计算，其连檐瓦口按大连檐高度乘以长度再乘1.5计算面积，以平方米计量，分别套用其旧油灰清理、单操稀底油、地仗、片金彩画定额相应项目。

斑竹彩画其椽望部分按木构架斑竹彩画定额乘以2.00系数执行，地仗仍按椽望相应定额执行。

2. 清除椽望旧油灰皮

清除椽望旧油灰皮为椽望油彩维修施工方法，包括清理扫除残留在椽子望板包括连檐、闸挡板、椽梳、隔椽板等附件在内的旧油灰皮、水锈、污迹及其檐缝，明清式称为清除椽望旧油灰皮。

3. 挠净椽望浮灰

挠净椽望浮灰为椽望油彩维修施工方法，包括挠除残留在椽子望板包括连檐、闸挡板、椽梳、隔椽板等附件在内的旧油灰皮、水锈、污迹，用挠子剔挠干净及檐缝，明清式称为挠净椽望浮灰。

4. 椽望清理除铲

椽望清理除铲为椽子望板油彩中修施工方法，包括将油灰表面的疙瘩、爆起的油皮、接头和裂缝处松动的油皮铲除干净、铲平及檐缝，或者在地仗好的情况下铲除表面已破损的油漆皮及彩画，明清式称为椽望清理除铲。

5. 檐翼角椽档

将屋檐翼角位置椽子裂缝撕开清理干净以后，较宽的缝要用木条填齐钉牢，明清式称为檐翼角椽档。

6. 椽望地仗

椽肚望板包括连檐、闸栏板、椽椀、隔椽板等附件在内的外露面层背底，明清式称为椽望地仗。

7. 单操椽望稀底油

单操稀底油为清除旧油灰皮、檐缝以后，刮泥子刷单色油漆或者刮泥子刷红绿两色油漆之前的基础处理施工方法。

单操稀底油相似于传统工艺操作施工中的汁浆，椽望经清除旧油皮、檐缝打扫其缝内尘土很难清净，故涂刷汽油稀释的光油一道，用不稠的稀底油将椽望全部刷到，使油灰与椽望衔接牢固，明清式称为单操椽望稀底油。

单操椽望稀底油定额以其设项，单操椽望稀底油按其施作面积，套用（明清）单操椽望稀底油定额相应项目。

8. 刮泥子刷单色油漆

刮泥子刷单色油漆为椽望基层经单操稀底油以后，不按传统工艺操作分层施工地仗，而是按近代工艺操作规程施工，包括调兑泥子及一种颜色油漆（光油）、刮泥子、分三层涂刷，明清式称为刮泥子刷单色油漆。

刮泥子刷单色油漆定额以其施作规格（油漆种类分档：醇酸磁漆、醇酸调合漆）设项，刮泥子刷单色油漆按其施作规格及其面积，分别套用（明清）满刮泥子刷单色油漆三道定额相应项目。

9. 刮泥子刷红绿两色油漆

刮泥子刷红绿两色油漆为椽望基层经单操稀底油以后，不按传统工艺操作分层施工地仗，而是按近代工艺操作规程施工，包括调兑泥子及两色油漆（光油）、刮泥子，以飞椽、椽望分红绿两色三层涂刷，明清式称为刮泥子刷红绿两色油漆。

刮泥子刷红绿两色油漆定额以其施作规格（油漆分档：颜料光油、醇酸磁漆、醇酸调合漆）设项，刮泥子刷红绿两色油漆按其施作规格及其面积，分别套用（明清）满刮泥子刷红绿两色油漆三道定额项目。

任务六　斗栱油漆工程计量

（一）斗栱展开面积说明

斗栱地仗、油漆、彩绘定额以其施作规格，分别套用（明清）斗栱地仗、油漆、彩绘定额相应项目。

斗栱展开面积（表 8-1）说明：

（1）斗栱展开面积包括斗栱各分件正面、底面、两侧面及正心枋、拽枋正面、底面、挑檐枋底面的面积。

（2）盖斗栱面积为斗栱展开面积的百分比；掏里面积（包括栱、升、枋的背面）为斗栱面积的百分比。

（3）表中所列面积均以平身科斗栱为准，其中除十字隔架斗栱为两个拽面的合计面积外，其余（包括垫栱板）均为一个拽面的面积，内里品字斗栱双

斗栱展开面积说明　　　　　　　　　　　表 8-1

斗栱种类		斗栱展开面积（斗口尺寸cm）											盖斗板（%）	掏里（%）
		4	5	6	7	8	9	10	11	12	13	14		
昂翘溜金斗栱外拽面	三踩单昂	0.245	0.382	0.550	0.749	0.978	1.238	1.529	—	—	—	—	13.10	19.40
	五踩单翘斗昂	0.430	0.672	0.967	1.317	1.720	20477	2.687	3.252	3.870	4.542	5.267	18.00	26.00
	五踩重昂	0.450	0.702	1.012	1.377	1.798	2.276	2.810	3.400	4.046	4.749	5.057	17.20	24.90
	七踩单翘重昂	0.631	0.986	1.420	1.933	2.525	3.195	3.945	4.773	5.680	6.666	7.731	19.40	27.90
	九踩重翘重昂	0.813	1.270	1.829	2.489	3.251	4.114	5.079	6.146	7.314	8.584	9.955	20.60	29.60
	九踩单翘三昂	0.832	1.300	1.873	2.549	—	—	—	—	—	—	—	20.10	28.90
	七踩重翘三昂	1.007	1.574	2.267	3.085	—	—	—	—	—	—	—	21.10	30.30
昂翘斗栱里拽面	三踩	0.272	0.424	0.611	0.832	1.086	1.375	1.679	2.053	2.444	2.868	3.326	13.20	23.40
	五踩	0.469	0.733	1.056	1.438	1.878	2.376	2.934	3.550	4.225	4.958	5.750	21.90	27.20
	七踩	0.651	1.017	1.465	1.994	2.604	3.295	4.068	4.923	5.859	6.876	7.974	22.70	29.50
	九踩	0.833	1.301	1.873	2.550	3.330	4.215	5.203	6.296	7.493	8.793	10.198	23.20	30.8

斗栱种类		斗栱展开面积（斗口尺寸cm）											盖斗板（%）	掏里（%）
		4	5	6	7	8	9	10	11	12	13	14		
溜金斗栱里掏面	三踩	0.971	1.518	2.186	2.975	3.386	4.918	6.072	7.347	8.743	10.261	11.901	—	—
	五踩	1.081	1.688	2.431	3.309	4.322	5.470	6.753	8.172	9.752	11.413	13.237	—	—
	七踩	1.291	2.017	2.904	3.952	5.162	6.534	8.066	9.760	11.615	13.632	15.810	—	—
	九踩	1.491	2.330	3.355	4.566	5.964	7.548	9.319	11.276	13.419	15.479	18.265	—	—
平座斗栱外拽面	三踩单翘	0.229	0.358	0.515	0.701	0.915	1.158	1.430	1.790	2.059	2.417	2.803	14.00	20.70
	五踩重翘	0.410	0.641	0.923	1.257	1.642	2.078	2.565	3.103	3.693	4.335	5.027	18.80	27.30
	七踩三翘	0.592	0.725	1.332	1.813	2.368	2.997	3.700	4.476	5.327	6.252	7.251	20.70	29.80
	九踩四翘	0.773	1.209	1.740	2.369	3.049	3.916	4.834	5.849	6.961	8.170	9.475	21.70	31.10
一斗三升斗栱（单拽面）		0.046	0.071	0.103	0.140	0.182	0.231	0.285	—	—	—	—	—	—
一斗二升交麻叶斗栱（单拽面）		0.091	0.142	0.204	0.278	0.363	0.460	0.567	—	—	—	—	—	—
单翘麻叶云斗栱（单拽面）		0.236	0.359	0.531	0.722	0.944	1.194	1.474	—	—	—	—	—	—
十字隔架斗栱（单拽面）		0.196	0.306	0.440	0.599	0.782	0.990	1.222	—	—	—	—	—	—
单拱垫栱板（单拽面）		0.032	0.050	0.072	0.098	0.128	0.161	0.199	0.241	0.287	0.337	0.391	—	—
重拱垫栱板（单拽面）		0.040	0.062	0.089	0.122	0.159	0.201	0.248	0.300	0.357	0.419	0.486	—	—

拽合计面积，按表中昂翘斗栱里拽面积乘2计算，牌楼昂翘、品字斗栱两拽合计面积分别按表中昂翘斗栱、平座斗栱拽面积乘2计算。

（4）昂翘、溜金、平座斗栱角科外拽面按其平身科外拽面积的3.5倍计算，里拽面积与平身科相同；牌楼昂翘斗栱角科按其平身科两拽合计面积的3倍计算。各种柱头科斗栱里外拽面积分别按其平身科里外拽面积计算（溜金斗栱柱头科里拽面积按昂翘斗栱里拽面积计算）。

斗栱彩画包括拱翘眼扣银朱油。不包括掏里部分刷色及盖斗板、垫栱板油漆彩画。掏里刷色、盖斗板油漆、垫栱板油漆彩画另执行相应定额。

（二）斗栱、垫栱板基层处理

斗栱、垫栱板工程量按其施作面积以平方米计量。

1. 斗栱、垫栱板闷水挠净工程

用水将斗栱、垫栱板旧灰油皮闷透、剔挠干净，包括撕缝、楦缝、修补线角，明清式称为斗栱、垫栱板闷水挠净。

斗栱、垫栱板闷水挠净定额以其施作面积设项，斗栱、垫栱板闷水挠净按其施作面积，分别套用斗栱、垫栱板闷水挠净定额项目。

2. 斗栱、垫栱板清理除铲

将斗栱、垫栱板表面浮土污痕清除干净、铲平，或在地仗完好的情况下铲除其表面已破损的油漆皮及彩画，包括铲除、撕缝、楦缝、修补线角，明清式称为斗栱、垫栱板清理除铲。

斗栱、垫栱板清理除铲定额以其施作面积设项，斗栱、垫栱板清理除铲按其施作面积，分别套用斗栱、垫栱板清理除铲定额相应项目。

3. 斗栱、垫栱板地仗

按传统工艺操作规程分层施工的斗栱、垫栱板之背底，包括从熬油、发血料、研磨砖灰、各种材料过箩、调制油满、调制各种灰料、梳麻或裁布到分层刮底、打磨，明清式称为斗栱、垫栱板地仗。

斗栱、垫栱板地仗定额以其施作规格（地仗分档：三道灰地仗、二道灰地仗、一道半灰地仗；斗口分档：6cm以内、8cm以内、8cm以上）设项，斗栱、垫栱板地仗按其施作规格及其面积，分别套用（明清）斗栱、垫栱板地仗定额相应项目。

4. 刮斗栱泥子、刷油漆

于斗栱表面上不是按传统工艺操作，而是按近代工艺操作规程施工。包括调兑泥子、各色油漆（光油）、刮泥子，分三层涂刷，明清称为刮斗栱泥子、刷油漆。

刮斗栱泥子、刷油漆定额以其施作规格（油漆分档：醇酸调合漆三道、醇酸磁漆三道；斗口分档：6cm以内、8cm以内、8cm以上）设项，刮斗栱泥子、刷油漆按其施作规格及其面积，分别套用（明清）刮斗栱泥子、刷油漆定额相应项目。

5. 垫栱板刷油漆

于按传统工艺操作规程分层施工的垫栱板地仗面上，按近代工艺操作规程涂刷面层，包括调兑各色油漆（光油），分两层涂刷后，扣光油一道，明清式称为垫栱板刷油漆。

垫栱板刷油漆定额以其施作规格（油漆分档：刷醇酸调合漆二道扣一道、刷醇酸磁漆二道扣一道，刷醇酸磁漆二道、扣银朱油一道；斗口分档：6cm以内、8cm以内、8cm以外）设项，垫栱板刷油漆按其施作规格及其面积，分别套用（明清）垫栱板刷油漆定额相应项目。

6. 斗栱保护网油漆

斗栱保护网油漆为近代之金属面油漆，包括分层打磨砂纸、清理尘灰，分别调兑防锈漆和醇酸调合漆，分层涂刷保护斗栱的金属网油漆，明清式称为斗栱保护网油漆。

斗栱保护网油漆定额以其施作面积设项，斗栱保护网油漆按其施作面积，套用（明清）斗栱保护网油漆定额相应项目。

任务七　木构架（上架大木、下架柱子及抱框）油漆地仗处理计量

木构架工程量按其施作面积以平方米计量。

1. 木构架油漆彩画工程量

于木质材料构成的建筑物骨架施作背底油漆彩画，明清式称为木构架油漆彩画。

木构架油漆彩画（包括地仗），分档以檐柱径为准；涂刷油漆包括调兑泥子及各色油漆（光油）、刮找泥子、分层涂刷；绘制彩画包括丈量、起扎画谱、沥粉、调兑颜料，按图谱分色绘制；贴金包括熬制金胶油、涂刷金胶油、贴金（赤金、铜）箔及搭拆防风帐。

木构架各种彩画均包括箍头、藻头、枋心、包袱心、池子心的各种（规矩活、白活）绘画及间夹的小面积油漆工料在内，其中苏式掐箍头搭包袱彩画包括箍头与箍头间、箍头与包袱间的油漆工料。

上架木件的枋、梁、随梁两侧面按截面高乘轴线间距计算，底面按截面宽乘轴线间距计算，箍头枋应将箍头榫长计算在内，梁头只计算两侧面和底面积，梁头正立面，穿插枋榫头不计算，并扣除上槛、墙体、顶棚等所掩盖面积。

桁檩按周长乘以全长计算，扣除垫板所占面积及上金盘面积（金盘宽按檩径1/4计），不扣搭角榫、梁头桁　所占面积。

下架柱按其底面周长乘高（扣除已计算到上架中的柱头高）计算面积，扣除抱框、墙体所掩盖面积。

挑檐枋外立面按投影面积计算，并入上架工程量中，木楼板按水平投影面积计算，不扣除柱所占面积。承重、楞木侧面积并入木楼板底面一并计算。

木构件地仗、油漆、彩画包括与之连成一体的槛框、走马板、迎风板、余塞板、窗榻板、护墙板、隔墙板、栈板墙等。

槛框按截面周长乘以净长计算，扣除贴靠柱、枋或（梁）窗榻板、墙体、地面一侧的面积，其中槛不扣除框所占面积。窗榻板按净长只计算上面和两侧面积，扣除风槛所压占的面积。门头板、余塞板、隔墙板两面均按垂直投影面积计算。栈板墙里侧面按垂直投影面积计算，外侧面按垂直投影面积乘以1.2的系数计算。框线贴金按框线宽乘长计算面积。

木楼板上面执行下架定额，底面及承重、楞木执行上架定额。

2. 木构架砍净挠白

斧刃倾斜使用，将木质材料构成的建筑物骨架上的旧油灰、麻皮全部砍净，

残留在木件上的油灰、水锈、污迹用挠子挠净，明清式称为木构架砍净挠白。

木构架砍净挠白定额以其施作规格（地仗分档：一麻一布六灰、二麻六灰、一布四灰、一布五灰、一麻五灰、单皮灰；风化程度分档：坚硬、普通）设项，木构架砍净挠白按其施作规格及其面积，分别套用（明清）木构架砍净挠白定额相应项目。

砍活（砍净挠白）一麻一布六灰与二麻六灰执行同一定额；一布五灰、一布四灰与一麻五灰执行同一定额。地仗已经老化龟裂，但无空鼓脱落现象时执行相应的"坚硬"项目；地仗开始空鼓并有脱落现象时执行相应的"普通"项目。

3. 新木构架件砍斧迹

在新配制木构架件上砍出斧迹，并清理浮尘，包括撕缝、檐缝、修补线角、用挠子挠净残留在木件上的油灰、水锈、污迹，明清式称为新木构架件砍斧迹。

新木构架件砍斧迹定额以其施作面积设项，新木构架件砍斧迹按其施作面积，套用（明清）新木构架件砍斧迹定额相应项目。

4. 铲混凝土板缝

铲掉混凝土结构表面的血料砖灰地仗或者乳胶水泥地仗龟裂空鼓部分的旧油灰皮，挠除残留在表面之上已破损的油漆皮及彩画，明清式称为铲混凝土板缝。

铲混凝土板缝定额以其施作面积设项，铲混凝土板缝按其施作面积，套用（明清）铲混凝土板缝定额相应项目。

5. 操木构架稀底油

操木构架稀底油为清除旧油灰皮、檐缝以后，不是按传统施工方式而是按近代施工方法，于木构架之上刮血料泥子刷混色油漆、颜料光油、地板漆之前的基础处理。明清式称为操木构架稀底油。

操木构架稀底油定额以其设项，操木构架稀底油按其施作面积，套用（明清）操木构架稀底油定额相应项目。

6. 木构架地仗

按传统工艺的操作规程分层施工的木构架之背底，包括熬油、发血料、研磨砖灰、各项材料过箩、调制油满、调制各种灰料、梳麻或裁布，明清式称为木构架地仗。

木构架地仗定额以其施作规格（地仗分档：二麻六灰、一麻一布六灰、一麻五灰、一布五灰、一布四灰、四道灰、三道灰；檐柱径分档：25cm以内、50cm以内、50cm以外；部位分档：上架、下架）设项，木构架地仗按其施作规格及其面积，分别套用（明清）木构架地仗定额相应项目。

7. 混凝土结构地仗

混凝土结构地仗为近代节约木材而采用的，大中修之油漆彩画施工方法。铲混凝土板缝之后，于其上操稀底油，再分别用刮血料砖灰或者乳胶水泥背底，明清式称为混凝土结构地仗。

混凝土结构地仗定额以其施作规格（地仗分档：血料砖灰、乳胶水泥；部位分档：上架、下架）设项，混凝土结构地仗按其施作规格及其面积，分别套用（明清）混凝土结构地仗定额相应项目。

8. 修补木构架地仗

修补木构架地仗为木构架油漆彩画维修表面基础处理施工方法。包括捉中灰找细灰做法和局部满细灰做法，明清式称为修补木构架地仗。

修补木构架地仗定额以其施作规格（修补分档：捉中灰找细灰、局部麻灰满细灰；部位分档：上架、下架）设项，修补木构架地仗按其施作规格及其面积，分别套用（明清）修补木构架地仗定额相应项目。

9. 木构架血料泥子油漆

木构架血料泥子油漆，不是按传统工艺的操作规程分层施工，而是按近代施工方法施工，包括调兑泥子及各色油漆（光油）、刮补泥子、分层涂刷，明清式称为木构架血料泥子油漆。

木构架血料泥子油漆定额以其施作规格（油漆分档：醇酸调合漆、醇酸磁漆、颜料光油、地板漆、罩光油；部位分档：上架、下架；涂刷遍数分档：一道、三道、四道）设项，木构架血料泥子油漆按其施作规格及其面积，分别套用（明清）木构架血料泥子油漆定额相应项目。

10. 框线门簪贴金

于门簪外缘及门框、窗框内框打贴金线条，包括熬制金胶油、涂刷金胶油、贴金（赤金、铜）箔及搭拆防风帐，明清式称为框线门簪贴金。

框线门簪贴金定额以其施作规格（贴金箔分档：库金、赤金、铜箔）设项，框线门簪贴金按其施作规格及其面积，分别套用（明清）框线门簪贴金定额相应项目。

任务八　小木作装修油漆工程计量

小木作装修油漆工程按其砍除面积以平方米计量。

1. 菱花心屉门窗扇油漆工程计量计价

1）砍除菱花心屉门窗扇地仗

斧刃倾斜使用将菱花心屉门窗扇上油灰、麻皮全部砍净，清除尘灰，明清式称为砍除菱花心屉门窗扇地仗。

砍除菱花心屉门窗扇地仗工程量按其砍除面积：按边抹外围面积计算，门栊等框外延伸部分不得计算面积。

砍除菱花心屉门窗扇地仗定额以其施作规格（地仗分档：麻灰地仗、布灰地仗、心屉单皮灰地仗、单皮灰地仗）设项，砍除菱花心屉门窗扇地仗按其施作规格及其面积，分别套用（明清）砍除菱花心屉门窗扇地仗定额相应项目。

槅扇、槛窗、帘架风门，支摘窗地仗油漆，包括边抹、心板及心屉全部地仗、油漆，定额以双面做为准，若只做单面按定额乘以0.6系数执行。

2）砍除直棂条心屉门窗扇地仗

斧刃倾斜使用将直棂条心屉门窗扇、楣子、花栏杆上油灰、麻皮全部砍净，清除尘灰，明清式称为砍除直棂条心屉门窗扇地仗。

砍除直棂条心屉门窗扇地仗工程量按其施作面积：按边抹外围面积计算，门栊、坐凳楣子腿、白菜头等框外延伸部分不得计算面积。

砍除直棂条心屉门窗扇地仗定额以其施作规格（地仗分档：麻灰地仗、布灰地仗、心屉单皮灰地仗、单皮灰地仗）设项，砍除直棂条心屉门窗扇、楣子、花栏杆地仗按其施作规格及其面积，分别套用（明清）砍除直棂条心屉门窗扇、楣子、花栏杆地仗定额相应项目。

3）砍除实踏大门、撒带大门、攒边门地仗

斧刃倾斜使用将实踏大门、撒带大门、攒边门上地仗的油灰、麻皮全部砍净，清除尘灰，明清式称为砍除实踏大门、撒带大门、攒边门地仗。

砍除实踏大门、撒带大门、攒边门地仗工程量按其施作面积：按大门投影面积。

砍除实踏大门、撒带大门、攒边门地仗定额以其施作规格（地仗分档：两麻六灰、一布一麻六灰、一麻（布）五灰、单皮灰；质量分档：坚硬、普通）设项，砍除实踏大门、撒带大门、攒边门地仗按其施作规格及其面积，分别套用（明清）砍除实踏大门、撒带大门、攒边门地仗定额相应项目。

4）菱花心屉门窗扇地仗

按传统工艺操作规程于菱花心屉门窗扇上分层施工背底，明清式称为菱花心屉门窗扇地仗。

菱花心屉门窗扇地仗工程量按其施作面积：按边抹外围面积计算，门栊框外延伸部分不得计算面积。

菱花心屉门窗扇地仗定额以其施作规格（部位分档：边抹、心板、心屉；地仗分档：一麻五灰、一布五灰、三道灰、二道灰、糊布条三道灰）设项，菱花心屉门窗扇地仗按施作规格及其面积，分别套用（明清）菱花心屉门窗扇地仗定额相应项目。

5）直棂条心屉门窗扇地仗

按传统工艺操作规程于直棂条心屉门窗扇、楣子、花栏杆上分层施工背底，明清式称为直棂条心屉门窗扇地仗。

直棂条心屉门窗扇地仗工程量按其施作面积：按边抹外围面积计算，门栊、坐凳楣子腿、白菜头等框外延伸部分不得计算面积。

直棂条心屉门窗扇地仗定额以其施作规格（部位分档：边抹、心板、心屉；地仗分档：一麻五灰、一布五灰、三道灰、二道灰、糊布条三道灰）设项，直棂条心屉门窗扇、楣子、花栏杆地仗按其施作规格及其面积，分别套用（明清）直棂条心屉门窗扇、楣子、花栏杆地仗定额相应项目。

2. 寻杖栏杆地仗计量

按传统工艺操作规程于寻杖栏杆上分层施工背底，明清式称为寻杖栏杆地仗。

寻杖栏杆地仗工程量按其施作面积：按边抹外围面积计算。

寻杖栏杆地仗定额以其施作规格（地仗分档：一布五灰、一麻五灰、边抹使麻三道灰、边抹糊布三道灰）设项，寻杖栏杆地仗按其施作规格及其面积，分别套用（明清）寻杖栏杆地仗定额相应项目。

3. 实踏、撒带、攒边、屏门地仗计量

按传统工艺操作规程于实踏大门、撒带大门、攒边门、屏门上分层施工背底，明清称为实踏、撒带、攒边、屏门地仗。

实踏、撒带、攒边、屏门地仗工程量按其施作面积：按大门投影面积计算。

实踏、撒带、攒边、屏门地仗定额以其施作规格（地仗分档：两麻六灰、一布一麻六灰、一麻五灰、一布四灰、一布五灰、三道灰）设项，实踏大门、撒带大门、攒边门、屏门地仗按其施作规格及其面积，分别套用（明清）实踏大门、撒带大门、攒边门、屏门地仗定额相应项目。

4. 门、窗扇、楣子、栏杆计量

1）清理除铲门窗扇、楣子、栏杆

用铲刀把门窗扇、楣子、栏杆表面的油皮疙瘩、爆起的油皮、接头裂缝处松动的油皮铲除，明清式称为清理除铲门窗扇、楣子、栏杆。

清理除铲门窗扇、楣子、栏杆工程量按其施作面积：按边抹外围面积计算，门栊、坐凳楣子腿、白菜头等框外延伸部分不计。

清理除铲门窗扇、楣子、栏杆定额以其施作规格（门窗分档：菱花心屉门窗、直棂条心屉门窗、楣子、花栏杆、寻仗栏杆、其他）设项，清理除铲门窗扇、楣子、栏杆按其施作规格及其面积，分别套用（明清）清理除铲门窗扇、楣子、栏杆定额相应项目。

2）砍门窗扇、楣子、栏杆斧迹

于新配制的门窗扇、楣子、栏杆上砍出斧迹，包括撕缝、楦缝、修补线角、清理浮尘，明清式称为砍门窗扇、楣子、栏杆斧迹。

砍门窗扇、楣子、栏杆斧迹工程量按其施作面积：按边抹外围面积计算，门栊、坐凳楣子腿、白菜头等框外延伸部分不得计算面积。

砍门窗扇、楣子、栏杆斧迹定额以其砍斧设项，砍门窗扇、楣子、栏杆斧迹按其施作面积，分别套用（明清）砍门窗扇、楣子、栏杆斧迹定额相应项目。

3）刷菱花心屉门窗扇混色油漆

于传统工艺操作规程分层施工的菱花心屉门窗扇地仗上，按近代工艺操作规程涂刷油漆，明清式称为菱花心屉门窗扇刷混色油漆。

菱花心屉门窗扇刷混色油漆工程量按其施作面积：按边抹外围面积计算，门栊框外延伸部分不得计算面积。

菱花心屉门窗扇刷混色油漆定额以其施作规格（油漆分档：颜料光油、醇酸调合漆、醇酸磁漆；涂刷遍数分档：三道、刷两道扣一道）设项，菱花心屉门窗扇刷混色油漆按其施作规格及其面积，分别套用（明清）菱花心屉门窗扇刷混色油漆定额相应项目。涂刷油漆（光油）定额中有扣末道油漆（光油）者，均与贴金项目配套执行。

4）刷直楞条心屉门窗扇混色油漆

于传统工艺操作规程分层施工的直楞条心屉门窗扇、楣子、花栏杆上涂刷混色油漆，明清式称为刷直楞条心屉门窗扇混色油漆。

刷直楞条心屉门窗扇混色油漆工程量按其涂刷面积：按边抹外围面积计算，门栊、坐凳楣子腿、白菜头等框外延伸部分不得计算面积。

刷直楞条心屉门窗扇混色油漆定额以其施作规格（油漆分档：颜料光油、醇酸调合漆、醇酸磁漆；涂刷遍数分档：三道、刷两道扣一道）设项，刷直楞条心屉门窗扇、楣子、花栏杆混色油漆按其施作规格及其面积，分别套用刷直楞条心屉门窗扇、楣子、花栏杆混色油漆定额相应项目。

5）槅扇、槛窗边抹贴金

于槅扇、槛窗的边抹里口贴金，包括熬制金胶油、涂刷金胶油、贴金（赤金、铜箔）及搭拆防风帐，明清式称为槅扇、槛窗边抹贴金。

槅扇、槛窗边抹贴金定额以其施作规格（线条分档：两炷香、双皮条线；金箔分档：库金、赤金、铜箔）设项，槅扇、槛窗边抹贴金按其施作规格及其面积，分别套用（明清）槅扇、槛窗边抹贴金定额相应项目。

6）槅扇、槛窗面叶贴金

于槅扇、槛窗金属面叶上打贴金箔，包括熬制金胶油、涂刷金胶油、贴金（赤金、铜箔）及搭拆防风帐，明清式称为槅扇、槛窗面叶贴金。

槅扇、槛窗面叶贴金定额以其施作规格（金箔分档：库金、赤金、铜箔；面叶分档：平面叶、梭叶、雕花面叶、看叶）设项，槅扇、槛窗面叶贴金按其施作规格及其面积，分别套用（明清）槅扇、槛窗面叶贴金定额相应项目。

7）槅扇、槛窗心板贴金

于槅扇、槛窗的裙板、绦环板花饰图案上打贴金箔，包括熬制金胶油、涂刷金胶油、贴金（赤金、铜箔）及搭拆防风帐，明清式称为槅扇、槛窗心板贴金。

槅扇、槛窗心板贴金工程量按其施作面积：槅扇、槛窗心板贴金按心板投影面积计算。

槅扇、槛窗心板贴金定额以其施作规格（金箔分档：库金、赤金、铜箔；饰纹分档：龙纹、云盘线、福寿）设项，槅扇、槛窗心板贴金按其施作规格及其面积，分别套用（明清）槅扇、槛窗心板贴金定额相应项目。

8）菱花扣贴金

于菱花心屉槅扇、槛窗的菱花屉上的花心上打贴金箔，包括熬制金胶油、涂刷金胶油、贴金（赤金、铜）箔及搭拆防风帐，明清式称为菱花扣贴金。

菱花扣贴金工程量按其施作面积：菱花扣贴金按心屉投影面积计算。菱花扣贴金定额以其施作规格（金箔分档：库金、赤金、铜箔；饰纹分档：三交六棱、双交四棱）设项，菱花扣贴金按其施作规格及其面积，分别套用（明清）菱花扣贴金定额相应项目。

9）直棂条心屉门窗扇刮泥子、刷色

于木质纹路和制作较精细的直棂条心屉门窗扇、楣子、花栏杆面上按近代工艺操作规程施工做仿蜡克漆，包括调兑套色泥子、套色、刮找泥子、分层涂刷清漆，明清式称为直棂条心屉门窗扇刮泥子刷色。

直棂条心屉门窗扇刮泥子刷色工程量按其施作面积：按边抹外围面积计算，门桄、坐凳楣子腿、白菜头等框外延伸部分不得计算面积。

直棂条心屉门窗扇刮泥子刷色定额以其施作规格（清漆分档：酚醛清漆、醇酸清漆；涂刷遍数分档：三道、四道）设项，直棂条心屉门窗扇、楣子、花栏杆刮泥子刷色按其施作规格及其面积，分别套用（明清）直棂条心屉门窗扇、楣子、花栏杆刮泥子刷色定额相应项目。

10）直棂条心屉门窗扇烫硬蜡

对木质纹路和制作较精细的直棂条心屉门窗扇、楣子、花栏杆不做油漆，在其表面烫一层蜡，保护木质本色，露出其木纹，包括配色、撒蜡、烘蜡、打蜡、擦蜡出亮等工艺。明清式称为直棂条心屉门窗扇烫硬蜡。

直棂条心屉门窗扇烫硬蜡工程量按其施作面积：按边抹外围面积计算，门桄、坐凳楣子腿、白菜头等框外延伸部分不得计算面积。

直棂条心屉门窗扇烫硬蜡定额以其烫蜡设项，直棂条心屉门窗扇、楣子、花栏杆烫硬蜡按其施作面积，分别套用直棂条心屉门窗扇、楣子、花栏杆烫蜡定额相应项目。

11）直棂条心屉门窗扇擦软蜡

对木质纹路和制作较精细的直棂条心屉门窗扇、楣子、花栏杆已做完热桐油，或刷清漆，或刷火酒（酒精）漆片面上，包括装修满刷，制成软蜡、清油两道，刷蜡擦匀、粗布擦亮，明清式称为直棂条心屉门窗扇擦软蜡。

直棂条心屉门窗扇擦软蜡工程量按其施作面积：按边抹外围面积计算，门桄、坐凳楣子腿、白菜头等框外延伸部分不得计算面积。

直棂条心屉门窗扇擦软蜡定额以其擦蜡设项，直棂条心屉门窗扇、楣子、花栏杆擦软蜡按其施作面积，分别套用（明清）直棂条心屉门窗扇、楣子、花栏杆擦软蜡定额相应项目。

12）楣子刷色、罩光油

于楣子大边刷朱红油，心屉涂刷其他颜色，包括花牙子及白菜头纠粉，明清式称为楣子刷色、罩光油。

楣子刷色、罩光油工程量按其施作面积：按边抹外围面积计算，门桄、坐凳楣子腿、白菜头等框外延伸部分已包括在定额内，均不得计算面积。

楣子刷色、罩光油定额以其施作规格（油漆分档：大边三道朱红油、心屉苏妆、罩光油）设项，楣子刷色、罩光油按其施作规格及其面积，分别套用（明清）楣子刷色、罩光油定额相应项目。

13）白菜头连珠贴金

于白菜头（木挂落边框雕作延伸部分）贴金，定额包括熬制金胶油、涂刷金胶油、贴金（赤金、铜）箔及搭拆防风帐，明清式称为白菜头连珠贴金。

白菜头连珠贴金工程量按其施作数量以对计量。

白菜头连珠贴金定额以其施作规格（金箔分档：库金、赤金、铜箔）设项，白菜头连珠贴金按其施作规格及其数量，分别套用（明清）白菜头连珠贴金定额相应项目。

14）刮衬板泥子、刷油漆

按近代工艺操作规程施工于衬板上刮泥子、刷油漆，包括调兑泥子及各色油漆（光油）、刮补泥子、分层涂刷，明清式称为刮衬板泥子、刷油漆。

刮衬板泥子、刷油漆定额以其施作规格（油漆分档：醇酸磁漆两道、无光油一道、醇酸调合漆两道、无光漆一道、无光漆两道）设项，刮衬板泥子、刷油漆按其施作规格及其面积，分别套用（明清）刮衬板泥子、刷油漆定额相应项目。

15）什锦窗彩画

擦掉什锦窗玻璃上的尘土，用彩色颜料描绘图案花纹，明清式称为什锦窗彩画。

什锦窗彩画工程量按其施作数量以块计量。

什锦窗彩画定额以其施作数量设项，什锦窗彩画按其施作数量，分别套用（明清）什锦窗彩画定额相应项目。

16）刮寻杖栏杆泥子、刷油漆、贴金

按近代工艺操作规程分层施工，刮寻杖栏杆泥子、涂刷油漆，包括调兑泥子及各色油漆（光油）、刮补泥子、分层涂刷，明清式称为刮寻杖栏杆泥子、刷油漆。寻杖栏杆上打贴金箔，包括熬制金胶油、涂刷金胶油、贴金（赤金、铜）箔及搭拆防风帐，明清式称为寻杖栏杆贴金。

刮寻杖栏杆泥子、刷油漆、贴金工程量按其施作面积：按边抹外围面积计算，框外延伸部分已包括在定额内，均不得计算面积。

刮寻杖栏杆泥子、刷油漆、贴金定额以其施作规格（油漆分档：颜料光油、醇酸调合漆、醇酸磁漆，涂刷遍数分档：三道、刷两道扣一道及彩画。金箔分档：库金、赤金、铜箔）设项，刮寻杖栏杆泥子、刷油漆、贴金按其施作规格及其面积，分别套用（明清）刮寻杖栏杆泥子、刷油漆、贴金定额相应项目。

17）刮实踏、撒带、攒边、屏门泥子刷油漆

按近代工艺操作规程施工，刮实踏大门、撒带大门、攒边门、屏门泥子、涂刷油漆，包括调兑泥子及各色油漆（光油）、刮找泥子、分层涂刷，明清式称为刮实踏、撒带、攒边、屏门泥子刷油漆。

刮实踏、撒带、攒边、屏门泥子刷油漆按其施作面积：按大门投影面积。

刮实踏、撒带、攒边、屏门泥子刷油漆定额以其施作规格（油漆分档：颜料光油、醇酸调合漆、醇酸磁漆；涂刷遍数分档：三道、四道）设项，刮实踏大门、撒带大门、攒边门、屏门泥子刷油漆按其施作规格及其面积，分别套用（明清）刮实踏大门、撒带大门、攒边门、屏门泥子刷油漆定额相应项目。

18）门钉贴金

于门钉上打贴金箔，包括熬制金胶油、涂刷金胶油、贴金（赤金、铜）箔及搭拆防风帐，明清称为门钉贴金。

门钉贴金工程量按其施作面积：门钉贴金按大门投影面积计算。

门钉贴金定额以其施作规格（金箔分档：库金、赤金、铜箔；路数分档：九路钉、七路钉）设项，门钉贴金按其施作规格及其面积，分别套用（明清）门钉贴金定额相应项目。

19）门钹贴金

于门钹上打贴金箔，包括熬制金胶油、涂刷金胶油、贴金（赤金、铜）箔及搭拆防风帐，明清称为门钹贴金。

门钹贴金定额以其施作规格（金箔分档：库金、赤金）设项，门钹贴金按其施作规格及其面积，分别套用（明清）门钹贴金定额相应项目。

5. 雀替、花板、花罩油漆工程计量计价

1）雀替、花板、花罩过水挠净

用水将雀替、花板、花罩的旧油灰皮过水湿透，剔挠干净，包括撕缝、楦缝、修补线角，明清式称为雀替、花板、花罩过水挠净。

雀替、花板、花罩过水挠净工程量按其施作面积：花板、花罩按垂直投影面积，雀替按露明长乘全高计算面积。

雀替、花板、花罩过水挠净定额以其施作过水挠净设项，雀替、花板、花罩过水挠净按其施作面积，分别套用（明清）雀替、花板、花罩过水挠净定额相应项目。

2）雀替、花板、花罩清理除铲

将雀替、花板、花罩表面浮土污痕清除干净、铲平或在地仗完好的情况下铲除表面已破损的油漆皮及彩画，包括撕缝、楦缝、修补线角，明清式称为雀替、花板、花罩清理除铲。

雀替、花板、花罩清理除铲工程量按其施作面积：花板、花罩按垂直投影面积，雀替按露明长度乘以全高计算面积。

雀替、花板、花罩清理除铲定额以其施作面积设项，雀替、花板、花罩清理除铲按其施作面积，分别套用（明清）雀替、花板、花罩清理除铲定额相应项目。

3）雀替、花板、花罩地仗

按传统工艺操作规程分层在雀替、花板、花罩上背底，包括熬油、发血料、研磨砖灰、各项材料过箩、调制满油、调制各种灰料、梳麻和裁布，明清式称为雀替、花板、花罩地仗。

雀替、花板、花罩地仗工程量按施作面积：花板、花罩按垂直投影面积，雀替按露明长度乘以全高计算面积。

雀替、花板、花罩地仗定额以其施作规格（地仗分档：三道灰、二道灰、一道半灰）设项，雀替、花板、花罩地仗按其施作规格及其面积，分别套用（明清）雀替、花板、花罩地仗定额相应项目。

4）刮雀替、花板、花罩泥子、刷罩油漆

雀替、花板、花罩过水挠净或清理除铲后，不按传统施工方法做地仗，而是按近代工艺操作规程施工，包括调兑泥子及各色油漆（光油）刮找泥子、分层涂刷，明清式称为刮泥子、刷罩油漆。

刮雀替、花板、花罩泥子、刷罩油漆工程量按其施作面积：花板、花罩按垂直投影面积，雀替按露明长度乘以全高计算面积。

刮雀替、花板、花罩泥子、刷罩油漆定额以其施作规格（油漆分档：醇酸磁漆两道、醇酸调合漆三道、罩光油、罩清漆）设项，刮雀替、花板、花罩泥子、刷罩油漆按其施作规格及其面积，分别套用（明清）刮雀替、花板、花罩泥子、刷罩油漆定额相应项目。

5）花罩刮泥子、刷色刷清漆

于木质纹路和制作较精细的花罩（几腿罩、花栏罩、门洞罩、落地罩）面上按近代工艺操作施工，做仿蜡克漆，包括调兑套色泥子、套色、刮找泥子、分层涂刷清漆，明清式称为花罩刮泥子、刷色刷清漆。

花罩刮泥子、刷色刷清漆工程量按其施作面积：按其垂直投影面积。

花罩刮泥子、刷色刷清漆定额以其施作规格（油漆分档：酚醛清漆、醇酸清漆；涂刷数分档：三道、四道）设项，花罩刮泥子、刷色刷清漆按其施作规格及其面积，分别套用（明清）花罩刮泥子、刷色刷油漆定额相应项目。

6）花罩刮泥子、刷色烫硬蜡

对木质纹路和制作较精细的花罩（几腿罩、花栏罩、门洞罩、落地罩）不做油饰，于其表面烫一层蜡，保护木质本色，露出其木纹，包括配色、撒蜡、烘蜡、打蜡、擦蜡出亮等工艺，明清式称为花罩刮泥子、刷色烫硬蜡。

花罩刮泥子、刷色烫硬蜡工程量按其施作面积：按其垂直投影面积。

花罩刮泥子、刷色烫硬蜡定额以其烫蜡设项，花罩刮泥子、刷色烫硬蜡按其施作面积，套用（明清）花罩刮泥子、刷色烫硬蜡定额相应项目。

7）花罩刮泥子、刷色擦软蜡

于木质纹路和加工制作较精细的花罩（几腿罩、花栏罩、门洞罩、落地罩）已做完热桐油，或刷清漆，或刷火酒（酒精浸虫胶片）漆片面上，包括装修满刷、制成软蜡、清油两道、刷蜡擦匀、粗布擦亮，明清式称为花罩刮泥子、刷色擦软蜡。

花罩刮泥子、刷色擦软蜡工程量按其施作面积：按其垂直投影面积。

花罩刮泥子、刷色、擦软蜡定额以其擦蜡设项，花罩刮泥子、刷色擦软蜡按其施作面积，套用（明清）花罩刮泥子、刷色擦软蜡定额相应项目。

任务九 摘上天花油漆工程计量

摘上天花为活动井格天花，大中修施工必用项目，将活动井格天花之井口板从上架井格内取下、编号，在下架清除旧地仗，做新地仗，做油漆施彩画后，送上架安装，这一摘（下）上井口天花过程，明清式称为摘上天花。

摘上天花工程量按其施作面积（按井口枋里皮围成的水平面积计算，计算井口板面积时不扣除支架所占面积）以平方米计量。

摘上天花定额以其施作面积设项，摘上天花按其施作面积，分别套用（明清）摘上天花定额相应项目。

1．砍井口板地仗

砍井口板地仗包括砍除井口板麻布灰地仗和单皮灰全部地仗的旧油灰皮，挠净水锈污迹、砍除原做井格天花背底，明清式称为砍井口板地仗。

砍井口板地仗定额以其施作规格（砍除分档：麻布灰地仗、单皮灰地仗）设项，砍井口板地仗按其施作规格及其面积，分别套用（明清）砍井口板地仗定额相应项目。

2．做井口板地仗

按传统工艺操作规程分层施工的井格天花板之背底，包括熬油、发血料、研磨砖灰、各种材料过箩、调制油满、调制各种灰料、梳麻或截布，明清式称为做井口板地仗。

做井口板地仗定额以其施作规格（地仗分档：一麻五灰、一布五灰、三道灰）设项，做井口板地仗按其施作规格及其面积，分别套用（明清）做井口板地仗定额相应项目。

3．做支条地仗

按传统工艺操作规程分层施工的天花支条之背底，包括熬油、发血料、研磨砖灰、各种材料过箩、调制油满、调制各种灰料、梳麻或截布，明清式称为做支条地仗。

做支条地仗定额以其施作规格（地仗分档：一麻五灰、溜布四道灰、三道灰）设项，做支条地仗按其施作规格及其面积，分别套用（明清）做支条地仗定额相应项目。

4．砍支条地仗

砍支条地仗包括砍除支条麻布灰地仗和单皮灰全部地仗的旧油灰皮，挠净水锈污迹，明清式称为砍支条地仗。

砍支条地仗定额以其施作规格（砍除分档：麻布灰地仗、单皮灰地仗）设项，砍支条地仗按其施作规格及其面积，分别套用（明清）砍支条地仗定额相应项目。

5．井口板、支条清理除铲

用铲刀把井口板、支条油皮表面的疙瘩、爆起的油皮、接头、裂缝处松动的油皮铲除，明清式称为井口板、支条清理除铲。

井口板、支条清理除铲按其施作面积：天花支条、井口板均按井口枋里皮（贴梁外皮）围成的水平面积计算，扣除梁枋所占面积，计算支条面积时不扣除井口板所占面积，也不展开计算；计算井口板时不扣除支条所占面积。

井口板、支条清理除铲定额以其施作规格（清除对象分档：井口板、支条）设项，井口板、支条清理除铲按其施作规格及其面积，分别套用（明清）井口板、支条清理除铲定额相应项目。

古建筑油漆彩画

古建筑彩画作

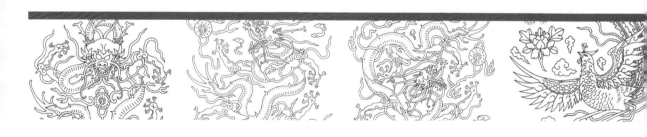

项目九　古建筑彩画材料及调配

任务一　彩画颜料

古建筑彩画颜料包括两部分，一部分是图案大面积使用的颜料，彩画行业称之为大色；一部分是绘画部分用量较少的颜料，彩画行业中称之为小色。大色全是矿物质颜料，小色有矿物质颜料也有植物质颜料和其他化学颜料。

彩画在绘制前颜料分为若干层次，同一种颜色，分为深浅不同的几个层次，其中在原颜料中加白调合成的较浅的颜色称为晕色；加入白色较少，比晕色深的颜色称为二色。晕色、二色用量较大，但不称为大色，用在体量小的部位上则称为小色，同样是由矿物质颜料调成。

颜料种类

1）白色

（1）钛白，化学性能稳定，遮盖及着色力很强。由于质地优良，现在彩画中常作为主要白色运用。

（2）铅白，不溶于水和稀酸，有良好的耐气候性。国产铅白粉具有很好的质量，为区别于立德粉，彩画中称为"中国粉"。传统彩画以这种白色用量最大。

（3）立德粉，遮盖力比锌白强，次于钛白。

2）红色

（1）银朱，具有相当高的遮盖力和着色力及高度耐酸、碱性。彩画对银朱的用量较大，因其色彩纯正，是主要的红色颜料。国产银朱有上海银朱和佛山银朱及山东银朱。

（2）章丹，又名红丹、铅丹，色泽鲜艳，遮盖力强，不怕日晒，经久不褪色，彩画中大量运用。

（3）丹砂，又名朱砂。大者成块，小者成六角形的结晶体。彩画中做小色用，使用时研细，现有成品出售。

（4）胭脂，红色颜料之一。现均用市场出售的成品。

3）黄色

（1）石黄，又名雄黄。彩画用石黄出产于我国广东、云南、甘肃等地，现在彩画中将一些色彩纯正、细腻、遮盖力强、价格低廉的矿物质黄颜料称为石黄。

（2）藤黄，植物质颜料，有毒，可以直接用水调合，耐光性差，彩画中做小色用。

4）蓝色

（1）群青，半透明鲜艳的蓝色颜料。彩画中对这种颜料使用量很大。市场上出售的广告色群青，色彩灰暗，彩画中很少用。

（2）石青，天然产铜的化合物，色彩鲜艳美丽，遮盖力强，经久不褪色，是古代彩画的主要蓝色颜料，现在彩画中做小色。国画颜料中的头青、二青均可。

(3) 普兰，又名铁蓝，色彩深重而艳丽，在彩画中做小色。

(4) 花青，植物质颜料，由靛蓝加工而成。颜色深艳，沉稳凝重。

5) 绿色

(1) 巴黎绿，又名洋绿，产于德国。色彩鲜艳，明度高，遮盖力强，用于室外经久不褪色。巴黎绿是目前彩画大量涂刷绿色的主要品种。

(2) 砂绿，比巴黎绿色彩发黑，耐日晒，价格便宜。彩画中一般不用原品种砂绿，多用洋绿或佛青调合替代砂绿。

(3) 石绿，又名孔雀石，颜色鲜艳。将石绿捣研成细末，用水漂之，分轻重取用。色淡的为绿华；稍深的为三绿；更深的为二绿；最重的为大绿。在彩画中做小色。

6) 黑色

黑色，又名乌烟、黑烟子。遮盖力强、耐气候性强、耐日晒，在彩画中运用有悠久的历史。

任务二　彩画的其他材料

彩画的材料还包括调配颜料所用的各种性能的胶、矾、大白粉、光油和纸张等。彩画中所使用的胶料有动物胶、植物胶和化学胶，传统彩画以动物胶为主，目前动物胶与化学胶均用于彩画颜料调配中。

1. 皮胶

皮胶用动物皮制成，一般为黄色或褐色块状半透明或不透明体。彩画使用的是半透明皮胶。

2. 骨胶

骨胶是用动物骨骼制成，属于蛋白质类含氮的有机物质，一般呈金黄色半透明状，有片状、粒状和粉末状多种。目前，彩画多使用粒状骨胶。

3. 桃胶

桃胶又称阿拉伯胶。桃胶并非指桃树胶，桃胶属于树胶，呈微黄透明珠状，溶于水，可粘木材、纸张，热水沸化后会变质。

4. 聚酯酸乙烯乳液（白乳胶）

聚酯酸乙烯乳液为白色黏稠体，未干呈半透明状，干后透明度增加，可用于调配颜料。聚酯酸乙烯乳液黏度大于骨胶，近年彩画调配某些主要大色多用这种胶。聚酯酸乙烯乳液调色在彩画干后不怕雨淋，使用时能克服较冷天气对胶液的影响(骨胶气温低时会凝聚)，但聚酯酸乙烯乳液受冻变质后不能使用，所以应按产品说明使用。

5. 矾

矾是普通食用的白矾，透明、味涩、溶于水，在彩画中用于浆矾纸张，使其变"熟"，不渗水，也用于绘画中固定底色，以便于后期渲染的需要。彩画中所用白矾，只是调配胶矾水用。明矾以它具有的抗潮性能而被利用于建筑彩画上。胶矾水可矾天花用纸，或覆盖画活底色。

6．高丽纸

高丽纸很结实，胜过一般的纸。有人叫它皮纸。粗粗看去，它的纸质致密，颜色雪白；仔细观察，有细密的纹路，整齐排列，透光性好。纤维很清晰，就像整齐的网格。这种纸有个特点，沾上水不凸凹，干后越发平整舒展。

任务三　胶、矾的调配

主要工具

水桶、小油桶、调色板盆（大中小号）、勺、调色木棒、刷子、手皮子（过箩使用）、80目箩。

操作工艺

1）胶的熬制

（1）骨胶或皮胶

将筛选的骨胶或皮胶放入容器中，加入清水放置火上熬制。边熬制边搅拌，直至将胶熬化为稀稠状。干胶加水为1：4用火化开即可使用(桃胶不用火化)，夏季用胶每天需把胶液加火煮开一次，以防生腐。

（2）桃胶

桃胶一般在冬季使用，用清水浸泡，使其逐渐化解。其化解速度较慢，普通颗粒状的桃胶需浸泡一天。因为它是植物的液体，所以气候变化对它影响不大。

（3）聚酯酸乙烯乳液（白乳胶）

配乳胶：将乳胶兑入同量的清水，均匀搅拌溶合后即可使用。彩画颜料中的章丹和炭黑易与乳胶起化学反应，所以二者应使用骨胶或皮胶调配。

2）胶矾水的调配

将白矾用水化开，一市两矾溶解于五市斤水中，然后加以适当胶液，以过了矾的纸不脆、不洇为合度，胶大则纸脆矾小则纸洇。

3）沥粉材料调配

（1）用骨胶或皮胶液的配置：将过筛的大白粉或滑石粉放入容器，加入事先调制好的骨胶或皮胶液，均匀搅拌成稠糊状，过筛至另一容器，加入5%左右的光油。

（2）用乳胶配置：将过筛的大白粉或滑石粉放入容器，加入乳胶，均匀搅拌成稠糊状，过筛至另一容器，加入5%左右的光油。

在使用沥粉时，可根据沥大粉或沥小粉再加入胶水搅拌均匀使用（表9-1、表9-2）。

沥粉材料配兑参考　　　　　　　　　　　表 9—1

材料比例 沥粉种类	胶水	土粉子 （香灰）	大白 （绿豆面）	滑石粉
大粉	1	1.5	0.5	适量
小粉	1	1	1	

不同季节沥粉的胶水熬制比　　　　　　表 9—2

季节	干胶（市斤）	水（市斤）	备注
冬	1	7	可适当加酒
夏	1	4.5	
春秋	1	5	

应注意的问题

颜料入胶一定要随着季节增减。春秋两季，气候干燥，颜色入胶量要减少，夏季潮湿，入胶量要加大，以防"跑胶"。由于气候一干一湿，往往影响胶质性能，必须充分注意。

任务四　彩画颜料调配

主要工具

水桶、小油桶、调色板盆（大中小号）、勺、调色木棒、刷子、手皮子（过箩使用）、80 目箩。

操作工艺

1）大色的调配

彩画所用大色均用原单一颜料加胶调配。但因大色的性能不同，所以调配方法也各异。彩画在施工前，首先调各种大色，其他色如二色、晕色、小色可用大色相互配对，调配彩画颜料的方法取决于颜料的相对密度，一般相对密度大的颜料为中国粉、章丹、洋绿、红土子、群青（佛青）等色，相对密度小的颜料主要指炭黑烟子、银朱两色，但有些相对密度较大的颜料也因颜料性能不同，在调用时可先进行某些处理。

（1）群青调配

调群青方法极简单，将颜料放入容器加入适量胶液，由少至多逐渐搅拌成稠糊状，之后再加入足够的胶和少量的水稀化，即可使用。

（2）洋绿调配

传统调洋绿色之前，都用开水将其冲解，之后静置数小时再将水澄出，加胶。目前，调巴黎绿均不用水沏，直接加胶与颜料调合，方法同调群青。

（3）章丹调配

传统认为章丹中含有某些有害成分，故加胶前也用开水沏，有时沏二至三遍，之后漂净浮水，再加入胶液，目前多直接加入胶液，开始量少，搅合均匀后，再加足量胶液。

(4) 中国铅粉调配

中国原箱铅粉，内为块状与粉状颜料混合体，所以事前需将其碾碎、过筛，再加胶调合。调中国粉有多种方法，其目的都是为使颜料与胶很好地结合，细腻、好用。

传统方法为：将中国粉与少量胶液揉合均匀，如同和面，之后搓成条或团，放入清水中浸泡，在浸泡过程中胶水与颜料会进一步结合，使用时浮去部分清水，将颜料捣解、搅拌均匀。这种方法如果用热胶揉合中国粉，效果更好，揉成团后同样放入清水中浸泡，约一日即可。用这种方法调合的颜料，有时表面浮起一层泡沫，影响使用，需用纸将浮起的泡沫刮、粘、滤掉。

另一种方法，可不将中国粉块事先砸碎，而直接用大量的开水沏，粉块随即瘫解，静置数小时，水凉之后浮去清水再加胶即可使用。如果粉块纯正，其中无杂质，可全部化开，也不需过箩，可直接使用。

(5) 黑烟子调配

黑烟子体质极轻，极易飘散，而且不易与胶结合，故在加胶时应先少加，可从占黑烟子体积5%～10%的胶量加起，之后轻轻用木棍搅合，也如同和面，使胶液将黑烟子全部粘裹其中，再加足胶液并加适量清水稀释之后使用。开始时少入胶液，为调配黑烟子的关键，否则黑烟子极轻，漂在胶液上面就很难与胶结合。

(6) 银朱调配

银朱加胶方法介于黑烟子与佛青之间，银朱体质轻松，所以入胶量也先由少到多。银朱加胶量的多少影响银朱的色彩，加胶多，色彩浓重，反之色淡而轻飘，所以彩画俗有"要想银朱红，必须入胶浓"的说法。

(7) 氧化铁红（红土、广红土）调配

氧化铁红调法同佛青，直接加胶即可。

(8) 石黄调配

方法同氧化铁红。

(9) 香色调配

香色即上黄色，有深浅之分，彩画不直接用土黄色颜料加胶调制，而是用石黄加少许红、黑或蓝调成烧的香的颜色，因此无固定色标，常分深香色与浅香色两种。香色既可以作为大色用于大量的底色涂刷，也可作小色运用，浅香色也可以与深香色对照作为晕色运用。

(10) 石山青调配

即浅蓝、偏绿的蓝色，用绿加群青再加适量白调成，石山青不常作大色调配，只在某种彩画需要时调用。

2) 晕色及小色的调配

晕色比大色浅若干层次，当然要与白色有明显的差别，晕色都是用已调好的大色加已调好的白配制，晕色包括三青、三绿、硝红、粉紫、浅香色等。

(1) 三青调配

与国画颜料（小色）中的三青不同，是用群青加白调成，三青晕色不宜偏重，否则彩画画面色调不明快。

(2) 三绿调配

也不是国画中的三绿，是用洋绿，现指巴黎绿加白调成，三绿晕色不宜太浅，否则发白，色略比三青重，涂上可使彩画更加艳丽，故彩画调晕色有"浅三青、深三绿"之说，但是晕色应与原绿有明显的色差。

(3) 硝红调配

即粉红色，用银朱加白调成，色不宜过重。

(4) 粉紫

有两种配法：一种用氧化铁红加白调制，一种用银朱加群青再加白调制，前者方法简单，但色彩不鲜艳，后者色彩鲜艳，近似俗称的藕荷色，后者由于其中红与群青的比例不同，有偏蓝与偏红两种紫的效果。

彩画中的二色也就是晕色，但运用中不称晕色，称二色。二色比晕色深，所以加白要少，调法与晕色相同，常用的二色为二青二绿。其他绘画用的小色，传统多用原颜料研制，如研毛蓝、研赭石、泡藤黄块、泡桃红等，由于费工费时，现已改用各种成品绘画颜料，如广告色和国画色中的赭石、藤黄、酞青蓝、朱砂、朱膘、胭脂等，主要用国画颜料。

应注意的问题

(1) 彩画中的很多颜料含有毒性，有些甚至为剧毒品，如洋绿、藤黄、石黄、铅粉、章丹等，其中洋绿和藤黄毒性最大，从材料调配时就应注意，对于质量差的绿，传统需将其碾压，过箩之后再用。加工过程中，吸入粉尘会使人口鼻发干、流血，接触后，会对皮肤某些部位（如汗腺）产生过敏反应，红肿瘙痒，因此要注意防护。绿颜料过箩时应将其放在特制的箱子中，操作人员必须戴手套、口罩、穿防护服，并随时注意洗手等。

(2) 传统彩画做法施工中的胶多为骨胶，骨胶及其骨胶所调制的颜料在夏季炎热天会发霉变质，产生腐臭味，所以在使用时应按需、分阶段调配使用，不可一次调制过量，如有用不完的胶，每日需重新熬沸。夏季当日用不完的颜料需出胶，出胶方法是将颜料用沸水沏，再使颜料沉淀，将胶液澄出，使用时再重新入胶。另外，由于夏天天气炎热，胶的性能也随之改变，即黏性减弱。有时不出胶，材料也无腐味，使用前也需另补少量新胶液，以保证其黏度。

目前，彩画大量使用乳液胶调配各种大色，乳液胶调色不会霉腐变质，因此不需出胶，但剩余的乳胶色干后不能再用。这是因为干后的乳胶色用水泡不开，所以也应按需配制，以免浪费。

(3) 各种颜料入胶量按层次而定，一般底层颜色用胶量可大些，上层色用胶量应小些，否则易出现起皮、崩裂。

(4) 彩画施工天气温度不能低于5℃，以避免颜料中的胶因温度过低造成凝胶现象，从而影响彩画操作质量。

任务五　彩画施工中的色彩标识

　　彩画图案由多种色彩间杂排列，彩画图案繁密复杂，色彩种类较多，施工时什么地方涂什么色很容易出现差错。传统彩画施工无设计图纸，什么部位涂什么色，不能照图"施工"。为了正确表达设计作品，传统施工中，常在构件的图案之间和谱子花纹之中标以色彩加以说明。彩画施工人员使用中文、阿拉伯数字和中文偏旁来代替汉字表达各种色。彩画用的色有青、绿、香、紫、黑、白、红、黄、章丹、金色，分别用七、六、三、九、十、白、工、八、丹、金表示。对于较浅的色如三青、三绿，可用三七、三六表示，但彩画施工时遇这种情况多不标注，即使标注仍用六、七表示绿青，施工中根据图案的形式就可确认应涂（先涂或后涂）深色或浅色，标注浅色代号只在进行浅调子的彩画时运用，如用浅青可标三七、二七等。

项目十 彩画等级及基本施工工艺

1. 磨生过水修正彩画基层

磨生过水也称磨生油地，用砂纸打磨油作所钻过的油灰地仗表层。磨生的作用在于磨去即将施工地仗表层的浮尘、生油流痕和挂甲等物，使地仗表面形成细微的麻面，从而利于彩画颜料与沥粉牢固地附着在地仗表面。过水，即用净水布擦拭磨过灰油的施工面，彻底擦掉磨痕和浮尘并保持洁净。无论磨生还是过水布，都应该做到无遗漏。过后，传统做法又用很淡的群青胶水汤通刷一遍，使地仗变深，以便以后认清谱子图样。

2. 分中

分中就是在构件上标示中分线，是指在横向大木构件上下两端分别丈量中点并连线，此线即为该构件长向的中分线。同开间同一立面各个构件的分中，均以该间大额枋的分中线为准，向其上下方各个构件作垂直线，即为该间立面横向各构件统一的分中线。分中线是拍谱子时摆放谱子位置的依据，用以确保图案的左右对称。

3. 以旋子彩画为例的基本工艺操作（图10-1）

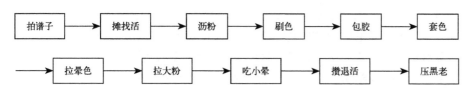

图 10-1 旋子彩画工艺流程图

1）拍谱子

拍谱子就是将谱子准构件，用粉包（土布子）对谱子均匀地擦抹，通过谱子的针孔将纹饰复制在构件上。

2）摊找活

（1）校正不端正、不清晰的纹饰，补画遗漏的图案。

（2）在构件上直接画出不起谱子的图案及线路。

（3）摊找活时，纹饰如有谱子的部分应与谱子的纹饰相一致；无谱子部位也应按部位的纹饰要求勾画并应做到相同的图案对称一致。摊找活应做到线路平直，清晰准确。

3）沥粉

（1）沥大粉：双尖大粉宽约1cm，视构件大小而定。双大线每条线宽约0.4～0.5cm。

（2）沥中路粉：中路粉又称单线大粉，根据摊找的线路沥粉单线每条线宽约0.4～0.5cm。

（3）沥小粉：凡是各心里均有繁密的纹饰，这些纹饰均需要沥粉。小粉的口径约2～3mm，视纹饰图案而定。

4）刷色

待沥粉干后，先将沥粉轻轻打磨，使沥粉光顺，无飞刺。刷色则先刷绿色，后刷青色。均按色码涂刷（使用 1.5～2 号刷子）。

5）包胶

包胶就是包黄胶，可阻止基层对金胶油的吸收，使金胶油更加饱满，从而确保贴金质量。包胶还为打金胶和贴金标示出打金胶及贴金的准确位置，包胶要使用 3～10 号油画笔。以金琢墨石碾玉旋子彩画为例，在旋子线、旋子瓣、旋眼、栀花处包黄胶。

6）套色

以金琢墨石碾玉旋子彩画为例，各旋子瓣以及栀花内靠沥粉金线一侧认色拉晕色，即一路、二路、三路瓣。

7）拉晕色

拉晕色就是在主要大线一侧或两侧，按所在的底色，即绿色或青色，用三绿色或三青色画拉晕色带（使用 10～11 号油画笔）。

以金琢墨石碾玉旋子彩画为例，靠石碾玉旋子金线一侧拉晕色带，认色拉晕色。

8）拉大粉

以金琢墨石碾玉旋子彩画为例，拉大粉就是在各晕色上，靠金线一侧拉白色线条（使用裁口的 3～4 号油画笔）。大粉一般不超过金线的宽度。拉大粉的部位包括：箍头内靠金线各拉一条大粉，副箍头靠金线一侧拉一条大粉，皮条线两侧各拉一条大粉，岔口线靠金线拉一条大粉，枋心线则靠金线拉一条大粉，压斗枋沿下部靠金线拉一条大粉，坐斗枋的降魔云靠金线各拉一条大粉，挑尖梁、老角梁、霸王拳、穿插枋头等均在边线一侧拉一条大粉，雀替的仰头沿金线大边一侧拉一条大粉。

9）吃小晕

吃小晕，即行粉，在贴金后进行。靠沥粉贴金线里侧于小色之上，即三青、三绿、黄、硝红。用大描笔等蘸白色粉吃小晕。其作用既齐金又增加了色彩的层次。以金琢墨石碾玉旋子彩画为例在套色"晕"之上，靠石碾玉旋子金线一侧画较细的白色线（用叶筋笔或大描笔）。

10）攒退活

攒退活，主要是做盒子岔角云，老檐椽头，斗栱板（灶火门）的三宝珠，由额垫板的龙纹及轱辘阴阳草等攒退等处。

以金琢墨石碾玉彩画老檐龙眼的攒退为例：先拍谱子沥龙眼，待干后涂刷二道白色，然后龙眼包黄胶打金胶贴金。以角梁为准，第一个椽头做青色攒退，第二个椽头做绿色攒退，以后按青绿间隔排列，至明间中心位置时，椽头如为双数可做同一颜色。

11）压黑老

压黑老的作用是增加彩画层次，使图案更加整齐，格调更加沉稳，具体做法如下：

以金琢墨石碾玉彩画斗栱为例，压黑老分两部分：

（1）单线画于栱、昂、翘的正面及侧面，线宽约 3mm。

（2）在各斗、升中画小斗升形黑色块。其中，栱件外侧的黑线末端画乌纱帽形，使线的形状与构件形状相吻合。昂件侧面压黑老做两线交叉抹角八字线，即剪子股。

项目十一　古建筑彩画局部设色施工工艺

任务一　攒退活工艺做法

攒退活工艺做法（图 11-1）是一种退晕的图案花纹，一组花纹可由几种基本色组合，如青、绿、香、紫、红色搭配而成，或只用其中一两种色，各色分别为深、浅、白退晕而成，其表达深色的工艺称"攒活"或"攒色"，因此这种类型的图案称攒退活。攒退活图案用途非常广泛，可以配合各种中档彩画，广泛用于天花、大木、柁头等彩画的局部上（图 11-2）。

工艺做法如下：

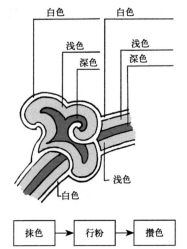

图 11-1　攒退活工艺做法

图 11-2　攒退活施工流程图

1. 抹色

即涂底色，但这种底色是指攒退活本身的底色，即晕色，如大木已刷色，它可以抹在已刷的青、绿、红等底之上。根据花纹特点，如较复杂，事前也需拍谱子，将谱子拍在底色之上，之后用浅色即晕色抹色，所选之色称小色，如三青、三绿、粉红（硝红）、粉紫、浅香色等，但小色与底色不同，即如果底色为绿色，则所涂抹的小色应为粉红、三青等色，而不能用浅绿色。传统抹色用特制的小刷子，一笔顺直而行，即可涂得非常均匀，填满图案的轮廓，当然也可用普通毛笔涂。

2. 行粉

行粉即按图案的外轮廓勾白线，凡是涂抹小色的笔划轮廓均行粉，不论小色形状如何，各处宽窄是否一致，行粉均应粗细一致，行粉除起增加图案的层次外，还起确定轮廓、定稿的作用，因为涂色时已部分将谱子线道里面的纹样涂盖，行粉时再找出盖在色粉内部的笔道。"行粉"有在抹色线道侧进行与双侧进行之分，如在抹色笔道的双侧进行，在彩画中称"双加粉"，如在抹色笔道的一侧进行，称"单加粉"，又称"跟头粉"，跟头粉画在笔道的"弓背"一面。

3. 攒色

即画图案中的深色线条的工艺，线条色彩按浅色定，即如果小色为三青则用群青"攒"色，硝红则用银朱色"攒"色，行业中称认色攒退，攒色线条的宽度占已行粉剩余浅色宽窄的 1/3，两边晕色各占 1/3（行粉线条的粗细窄于攒色，可占攒色宽的 1/2 ~ 2/3，视花纹体量大小而定，如花纹大可占 1/2，花纹细可占 2/3 左右），遇行粉勾入花纹的部分攒色宽窄可以改变，依花纹形状而定，主要留晕色的宽窄（攒色后剩余的浅色称晕色）使其均匀一致，并要与行粉形成勾咬状，以使图案达到优美含蓄的效果。

单加晕花纹的攒色靠小色的里侧即线道弓里一侧进行，其线条粗细也应与晕色相等，也是认色攒退。另外，攒退活的工艺也可以在抹色之后进行，即先攒色后行粉，这时应先考虑所留晕色的宽度，不过这种做法在遇有花纹线条勾入图样之中时，攒色不易画得正确，如事先有沥粉线条则事先攒色较容易。

任务二　爬粉攒退工艺做法

爬粉攒退工艺做法图案基本层次及色彩变化同攒退活花纹，只是白线条为凸起的沥粉线条，并在上面画白色线，因行粉系勾画在沥粉线条上，沿线"爬行"，故行业中称"爬粉"，这种攒退活即为爬粉攒退。它的花纹退晕层次由外至内也是由白、浅、深三色退，只是最外一层的白色线条更加鲜明突出。爬粉攒退的图案组合也是由蓝、绿、紫、青等组成，用法同攒退活，不过爬粉攒退一般多双加晕，很少有单加晕的做法（图11-3）。

图 11-3　爬粉攒退工艺施工流程图

工艺做法如下：

1. 拍谱子

这种图案如果在总体图案之中，在进行总体彩画拍谱子工序时即应拍谱子，拍谱子一定在刷色前进行，不同于攒退活，可在刷色后在大块色彩上面拍谱子，否则沥粉附不牢。

2. 沥粉

按谱子轮廓沥粉，为单道小粉，可在沥小粉程序中同时进行。

3. 抹色

按配色规则进行抹色，同攒退活，也是抹各种小色即晕色。按彩画总体工艺顺序，在沥粉后是刷色程序，这时有可能将需进行爬粉攒退部分的图案也一并刷过，因此抹色是抹在底色之上，同攒退活。由于事先已有沥粉轮廓，故抹色时较容易。

4. 爬粉

即行粉，沿着沥粉凸起的线条进行描白，使线条既白又凸起。由于事前沥粉，故白线条较攒退活的白线略粗。爬粉图案白色的遮盖力对图样的美观影响很大，如果爬粉不白，将起不到爬粉攒退的效果。

5. 攒色

按各爬粉轮廓内的颜色攒退，方法同攒退活。

做爬粉攒退图案也可先"攒色"后爬粉，因攒色前已有沥粉轮廓限制，所以容易"攒"得准确。

任务三　金琢墨工艺做法

金琢墨工艺做法（图11-4）是一种表现辉煌华丽的图案效果的做法，它比攒退活图案增加沥粉贴金轮廓，即在攒退活图案笔道的外轮廓又加沥粉贴金程序，由外至内的退晕层次为金（沥粉贴金）、白、浅、深，由于退晕层次多，故图案显得工整细腻，格外精致美观。金琢墨图案为高等级的彩画格式，所以常配在高等级彩画的某局部，是彩画装饰方法的成熟格式之一，用途也非常广泛，各种金琢墨名目的彩画，即以其中有金琢墨花纹为主要特征（图11-5）。

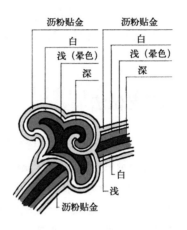

图 11-4　金琢墨工艺做法

图 11-5　金琢墨工艺施工流程图

做法工艺如下：

1. 按谱子沥粉

同爬粉攒退，也是需事先在生油地仗上先沥粉（小粉），由于需在沥粉线条之上贴金，故要求粉条光滑流畅。

2. 沥粉干后抹小色

所遇情况与处理方法同爬粉攒退。

3. 包胶

小色干后，沿沥粉线条满包黄胶，可与总体彩画图案包胶程序同时进行。

4. 打金胶

贴金按油漆作工艺进行，即按包胶线条打金胶，金胶油干燥适度时贴金。

5. 行粉

金琢墨图案贴金以后为沥粉贴金线条包裹着各种小色，已有金和晕色两个层次，行粉在贴金之后进行，压在小色之上，靠沥粉贴金线条里侧，线条与金线紧贴平行，并可以压盖贴金后的不齐之处，起齐金作用。

6. 攒色

同攒退活攒色程序，但由于事先已贴金，故攒色应干净整齐，靠金线而不脏染金线。

各种体量花纹用金琢墨做法均为双加晕形式，即使小体量的局部花纹也多为双加晕，但有时较大的花纹，如雀替、龙草和玺的大翻草却有单加晕的形式，也称金琢墨做法。

任务四 烟琢墨工艺做法

烟琢墨做法（图11-6）也是退晕图案的一种表达方式，特点为图案笔道的外轮廓为黑色线条，如与金琢墨图案比较，即沥粉贴金的部位改成黑色线条，因传统彩画颜料用烟子调合成黑颜料，作墨使用，故俗称烟作墨，现统称烟琢墨。花纹的退晕层次笔道由外至内为黑、白、浅、深四种色彩层次。由于图案的外轮廓使用黑线，故图案与底色的区别清楚醒目，同时墨线加强了与白色线条的对比效果，使白色线条更醒目突出，又使图案格调沉稳深重。烟琢墨图案广泛地运用于天花的岔角，苏式彩画的卡子和其他部位，是彩画图案的基本表达方式之一（图11-7）。

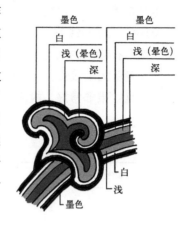

图 11-6 烟琢墨工艺做法

图 11-7 烟琢墨工艺施工流程图

做法工艺如下：

1. 拍谱子

在进行基本工艺的刷色之后，在底色上重新拍谱子，将烟琢墨局部花纹过漏到构件上去，也可以事先拍谱子，在刷底色时将其空出，如岔角，但多用前者。

2. 抹小色

方法同攒退活。

3. 拘黑

拘黑是烟琢墨图案花纹的特有工序，即在没有黑线的色块上，勾出黑色轮廓线，以后的各项工序均按勾好的黑色轮廓线进行。拘黑线条的走向同攒退活图案的行粉，但线条粗细程度不同，拘黑线条的粗细要比行粉宽，与金琢墨的沥粉线条粗细大致相等。否则不醒目突出，也不利于行粉工艺的进行。

4. 行粉

在拘黑之后，沿黑线轮廓的内侧进行，与黑线并行，线条比黑线细，占黑线宽的1/2 ~ 2/3，行粉可以略压黑线以修整拘黑的不准确之处。

5. 攒色

方法同攒退活，认色攒退。

烟琢墨图案由于使用黑线勾边，为避免色彩单调、呆板，故整组图案不应用一色退晕完成，至少应用三至四色配合完成，烟琢墨图案无论花纹大小在实例中均为双加晕做法。

任务五　片金工艺做法

片金（图11-8）是针对前几种做法而言的，即以前几种图案格式为模式，不施任何颜色，图案完全由沥粉贴金的较宽金色条带组成。沥粉线条多为平行的两条线，距离约10mm，在沥粉线条之间（包括沥粉）贴金。片金图案都用在较深的底色上，故效果非常醒目，如找头内、箍头内的纹饰，与其他工艺相比做法相对简单，而且效果非常好，故应用十分广泛（图11-9）。

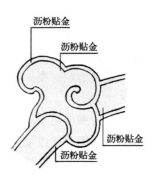

图11-8　片金工艺做法

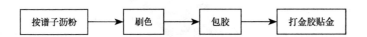

图11-9　片金工艺施工流程图

做法工艺如下：

1. 按谱子沥粉

谱子事先拍在生油地仗上，然后沥粉，一般沥小粉或二路粉。在沥大粉之后同沥其他小粉同时进行。

2. 刷色

沥粉干后，将图案所在部位按规定满涂色，不分图案与空档之间和以后哪是底色，哪是金，一律平涂均匀，此项工序多与基本工艺的刷色同时进行，将沥粉线条盖住。

3. 包胶

底色干后，按彩画程序，随同其他部位的包胶，将片金图案满包黄胶（黄调合漆），即在两条沥粉之间（包括沥粉线条本身），满涂黄漆。包胶之后图案的式样便清楚地显示出来。

4. 打金胶贴金

黄胶干后，打金胶，贴金。由于片金图案笔道宽窄大体一致，故贴金较容易，而且较省金箔，用量并不大于金琢墨花纹。这项程序随总体工艺程序同时进行。

另外，有些图案如龙、凤、西番莲草，在表现上也在沥粉线条之中满贴金，不施任何色，也称片金图案，只是图案格式与上述格式略有区别，多为宽窄不规则的图形，且图形内又多有沥粉线条充斥其间。

任务六　玉作工艺做法

玉作（图11-10）工艺是表达素雅图案的一种方法，完全不用金，图案本身退晕效果由外至内层次也为白、浅、深三个部分，近似攒退活，但图案为单色彩退晕，不是由几色相配组合，来分别认色退晕，而且它的晕色部分与底色一致，故工艺十分简单，图案具有玲珑剔透的效果（图11-11）。

做法工艺如下：

1. 刷底色

在规定画玉作花纹的部位满涂二色，包括图案本身和图案之外即比晕色深的色，一般多为二绿或章丹，与白色有鲜明的反差，与深色也有明显的过渡余地。

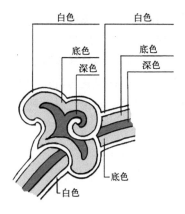

图11-10 玉作工艺做法

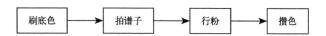

图11-11 玉作工艺施工流程图

2. 拍谱子

在已涂底色（二色）的部位拍谱子，将设计好的玉作图案漏到二色上面。

3. 行粉

按谱子的轮廓勾白线，白线将底色分为内外两部分，白线轮廓内为图案笔道，白线外为底色，图案内外为同一色彩。

4. 攒色

用比底色明显深重的色攒，如二绿用砂绿攒，章丹用深红（或黑紫红）攒，攒色时把白粉内部看成单独的图案进行，与外部色彩不相干，以免误认混淆。

玉作图案均为双加晕，运用有限，只配极素雅的彩画局部，如天花岔角。

任务七　纠粉工艺做法

这是一种极简单的做退晕的技巧，其退晕没有明显的层次，而是由白至深逐渐过渡，如同渲染色彩，此做法多用于雕刻部位，按雕刻花纹的轮廓进行，以突出图案的立体效果，也偶用于大木的局部图案，方法为：

（1）在纠粉的雕刻部位满涂底色，视图样造型不同，也可分别涂几种不同的底色，一般多用青、绿两种深色。

（2）纠粉：备两支笔，一支蘸白色，一支蘸清水，先沿着弯曲图案色带的"弓背"，部分涂白色，宽度可占花纹色带宽的 1/5 ~ 1/3，之后趁湿用清水笔搭接，使白色逐渐地、轻淡地过渡到深色部分。

任务八　拆垛

又称拆朵，是指画花的一种技法，画时笔肚蘸白色，笔尖蘸红，或其他色，一笔画下去分出深浅两层色彩。根据图样的用场不同，有只画花头和花头枝头全画两种。前者多画梅花，单个构图，花头之间距离均匀，或者间画竹叶，多画在香、紫色等底色上。后者多画较具体的形象的花，也是一笔两色，其中一种是花与叶子同色，另一种是花与叶子色彩不同。拆朵花层次丰富，具有一定的表现力，但画法简单，效果粗糙，所以只能用于临时和次要的彩画部分。

项目十二　彩画的基本做法

任务一　檩、垫、枋彩画基本结构

清式彩画是分类的，不同类别的彩画的主要特点表现在一些较大的构件上，因其体量大，便于构图，从而形成各种格式，其中檩、垫、枋为不同格式彩画的代表构件，可提取出具有共同特点的规制。

主要格式与名称如图 12-1 所示。

1.枋心

清式彩画绝大多数在构图上常将檩、垫、枋（主要指檩、枋）横向分为三段进行安排，其中间的一段体量较大，占全枋长的 1/3，称枋心。枋心是彩画的主要内容或为彩画划分等级的主要表达部位，枋心两边的枋心头因彩画类别不同而形状不一。

2.箍头

枋心左右两端各占枋长的 1/3，其中靠梁枋端部各画有一条或两条较宽的竖带子形图案，称箍头。箍头心里的内容表现方法也依类别不同而不同。箍头是确定彩画构图和进行色彩排列的重要部位，其中较长的构件均在梁枋的一端画两条有一定距离的箍头。

3.盒子

梁枋的两条箍头之间的部位多呈方形，可在其中构图，这部分称盒子。盒子的内容、形状也有不同，如果在盒子部位画一八瓣圆形或椭圆形图案，就在圆外形成了四个角（称岔角）。

4.岔口线、皮条线

在靠箍头与枋心头一端各画数条不同形状的平行线，包括枋心头线，每端各三条，其大部分彩画对三条中间一条分别称皮条线或岔口线，皮条线靠箍头，岔口线靠枋心头。

5.找头

在岔口线和皮条线两部分线中间常余有较大的面积，根据尺度比例大小可画不同形式的图样，这部分称找头。由于用场不同，由箍头至枋心头之间的部分也可称找头。

箍头、枋心、找头、盒子是彩画构图的几个重要部分，绝大多数彩画均为这个格式，其中箍头、枋心、盒子的轮廓线分别称箍头线、枋心线、盒子线，加上皮条线与岔口线共为五条线，这五条线又是构图中的主要线，所以俗称五大线。五大线由于绘制时处理方式不同，是表达很多彩画等级的重要标志。对于这些具体的彩画格式，五大线并不能完全套用，但五大线是了解各种彩画构图和做法的基础。

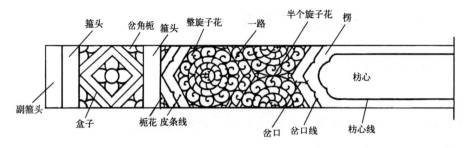

图 12-1　彩画基本结构

箍头　岔角栀　箍头　整旋子花　一路　半个旋子花　楞
副箍头　盒子　栀花　皮条线　岔口　岔口线　枋心线　枋心

任务二　色彩运用基本做法

清式各类彩画，不论是否贴金，均以青、绿为主，并辅以少量的香、紫色和一定数量的红调子，其中青绿两色的运用一向有固定做法，其他辅助色彩也按一定做法随之配合，这里不分是哪种类型、等级的彩画，均运用此规律。主要表现在以下几方面（二维码 12-1、二维码 12-2）：

（1）一座建筑物的明间檐檩箍头固定为青箍头，枋心大多为绿色，如果是重檐建筑，则各层檐明间的檐檩箍头均为青箍头，枋心为绿枋心。

（2）在一个构件的构图之中，相邻部分的图案色彩，以青绿两色互相调换运用。例如，枋心为绿色，则枋心外边的楞为青色带，俗称青箍头、青楞；而岔口线与另一条相同的平行线之间的色带则又为绿色，并以此类推。这样，青、绿依次排列，直至枋的两端，以枋心为中心左右对称。总之，彩画箍头的色彩均与枋心外围的楞部位的色彩相同，与枋心相反，如青箍头必为青楞、绿枋心；反之绿箍头则为绿楞、青枋心。

（3）在同一间内，上下两个相邻，进行同样构图的构件，同一部位的青绿两色调换运用。如小式明间檐檩箍头为青箍头，则下枋子应为绿箍头；如大式建筑有大小额枋，檐檩为青箍头，则大额枋为绿箍头，小额枋又为青箍头，其他部位也随之相应变化。

（4）同一建筑物，明间与次间同一图案位置青绿两色互相调换，做法同上。相邻之间用色，即再次间色彩同明间，梢间色彩同次间。一座建筑各间配色，左右对称，以明间为中心两边的次间相同，梢间与梢间相同。

（5）大式建筑的由额垫板为红色，或在红色之中夹杂其他色彩的图案，小式垫板可尽量安排红色内容，参见各类彩画色彩做法。

（6）大式建筑的平板枋及挑檐枋彩画称坐斗枋与压斗枋，固定为青色，如需分段构图另定，按各类彩画做法进行。

（7）柱头的箍头按柱子颜色而定，红柱子柱头箍头为上下两条分别为上青下绿，多见用于大式红柱子。上青下绿定色做法又适于其他很多类似相关的构件，如抱头梁与穿插枋的箍头，其上边的抱头梁箍头为青，穿插枋则为绿箍头，如遇游廊建筑，有天花，只露穿插枋，则全部为绿箍头。

彩画各部位色彩的确定，是进行彩画方案设计的前提，也是施工中的主要准则。

二维码 12-1　古建筑彩画色彩基本做法

二维码 12-2　古建筑彩画同一间色彩基本做法

项目十三　彩画分类、等级及做法

任务一　和玺彩画分类、等级及做法

按现在人们对清代彩画的认识，常将清代彩画归纳为和玺、旋子、苏式三大类，其实不仅限于这三类，但在认识上可以先从这三类着眼。这三类彩画之中，和玺彩画等级最高，最为金碧辉煌，和玺彩画仅装饰宫殿、坛庙（重要的）的主殿、堂、门，如北京故宫中路的三大殿、天坛祈年殿等建筑，传统运用当中不够级别的建筑不可运用和玺彩画图案。和玺彩画的特点表现在构图格式和金碧辉煌的程度以及图案的内容上。和玺彩画的图案格式为：划分各段落部分的线段呈折线形特征；大量地装饰龙、凤等图案内容，而且龙凤和所有段落大线均沥粉贴金（图13-1、图13-2）。

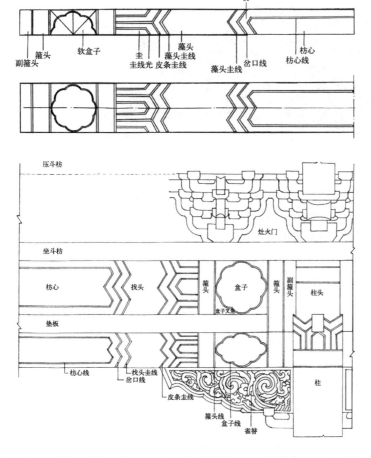

图 13-1　和玺彩画部位名称（一）

图 13-2　和玺彩画部位名称（二）

和玺彩画的大线特点除折线段落划分外，还表现在线光子部位。线光子，又称圭线光，因有几个呈宝剑头的地方而得名，"圭"即宝剑头（但又因这种线在合并之后，如同龟背上的龟甲纹，又称为龟线光。线光子又称"线桄子"，因这部分线极多且又平行排列，如同风筝线桄）。

和玺彩画又分为金龙和玺、龙凤和玺、金凤和玺、龙草和玺、草凤和玺等数种，各种和玺彩画的做法如下。

1.金龙和玺

从理论上讲，金龙和玺彩画是各种和玺彩画之中等级最高的一种，因这种彩画在枋心、找头以及盒子等部位大量填充各种姿态的龙的图案。

（1）枋心主要画行龙（图13-3）。一个枋心画两条龙，两条龙中间画宝珠，在龙和宝珠的四周还加以火带图案，彩画称火焰。在枋心之中，龙的躯干、四肢之间还加有"云"图案，多为彩云与金云。彩云多为金琢墨五彩云。云的色彩可有两种或三种组合不限，但不能与枋底色相同，如枋心为绿色，云则为青、红、紫等色，而不能有绿云。金云为片金云，与彩云相比体量较小。

图 13-3　行龙

（2）盒子部分多画坐龙（图13-4），又称团龙，一个盒子里面画一条。盒子内坐龙的云，在同一个建筑中，表现方法同枋心，即枋心为五彩云，则盒子也加五彩云，枋心为片金云，盒子内的云也为片金云。设计中，两端盒子中的坐龙尾部均必须朝向枋心（但是为了避免上下相邻盒子龙的姿态相同，也为了避免与找头的龙姿态相同，也有在绿色盒子内画升龙的设计）。

图 13-4　坐龙

(3) 找头部位画升龙与降龙，其中画一条升或降的龙，由找头的色彩而定。如果找头色彩为青色，则画升龙（图13-5）；如果为绿色，则画降龙（图13-6）。宝珠、火焰、云的等级做法同枋心。

图 13-5　升龙（左）
图 13-6　降龙（右）

(4) 线光子心内，分别画灵芝草或菊花图案，也根据线光子心的颜色而定。青心内（靠绿箍头）画灵芝，绿心内（靠青箍头）画菊花。

(5) 平板枋一律画行龙。由于平板枋外观在一座建筑的一面看是通连的，所以画行龙也是不分间，只由中间向左右两侧画，左边的龙与右边的龙分别向中间对跑，每个龙前面加有一个宝珠，中间两条龙共戏一只宝珠，平板枋上的龙多不加云，更不加金琢墨云，因体量太小无法攒退。根据建筑物的体量、重要性和其他情况，平板枋也有画云的设计。

(6) 挑檐枋一般多画片金流云或工王云，也因构件体量较小，上面的流云（图13-7）、工王云（图13-8），不做攒退五彩花纹。有些建筑，根据情况，挑檐枋也可不画具体图案。因挑檐枋有斗栱遮挡视线，显示图案不明显，无需过分下功夫。

(7) 由额垫板内也画行龙，按间分画，每间的龙以各间中线为准左右对称，数量可视垫板长短而定，一条龙前有一个宝珠，中间两条龙共戏一个，不画五彩云。

(8) 金龙和玺彩画表现的柱头部位也画龙，不过和玺彩画柱头部位比较灵活。

图 13-7　流云

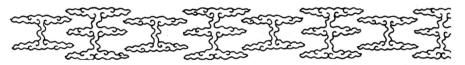

图 13-8　工王云

2. 龙凤和玺

大线格式同金龙和玺，只是在各画心内，即枋心、找头、盒子内分别画龙凤。其他构件如平板枋、由额垫板等也随之相配。龙凤相间运用。

具体做法为：

(1) 根据色彩确定各部位画龙还是凤，一般青色部位画龙，绿色部位则画凤，即枋心的色彩为青色，则画龙，绿色则画凤。找头、盒子的龙凤安排也同样，青色部分画龙，绿色部分画凤。这样，由于各件、各间之间同一部位的颜色青绿互换，所以也形成龙、凤之间的相应变化。

(2) 不考虑色彩的变化，只按间或按部位定龙、凤的安排方式，比如在一间的各枋心之中，不论是青绿均画龙，找头部分也不分青绿都画凤，盒子都画龙。只是由于找头的龙凤有升降之分，故升龙、升凤（图13-9）画在青找头内，降龙、降凤（图13-10）画在绿找头内。相邻的另一间则改变前一间同一部位的内容，龙凤互换。

图13-9　升凤（左）
图13-10　降凤（右）

(3) 个别部位不对称的构图安排：主要指枋心，即在同一枋心内，既有龙，又有凤，各一条（只），龙在左边，凤在右边。其他各部位如找头、盒子的安排，按上述两条的方式进行。

(4) 平板枋：

平板枋上画龙凤为一龙一凤的相间排列，也是按总面宽定，由两端向明间中间对跑或对飞。除左右两侧对称外，每边的龙凤个数也成对。向中间对跑时，龙在前，凤在后。

(5) 挑檐枋：

挑檐枋之上，可画流云，也可画工王云，也可简化为只退晕。

(6) 由额垫板：

由额垫板各间分别构图，同样画龙、凤，相间排列，龙在前，凤在后，左右对称，中间为两条龙。

(7) 柱头：

龙凤和玺彩画表现的柱头部位也画龙凤。

总之龙凤和玺较金龙和玺灵活，其中在由额垫板部位也可画阴阳草，不画龙凤，或在平板枋上画工王云，但均应沥粉贴金，辉煌程度同金龙和玺。

3. 龙草和玺

这是各种和玺彩画中较简化的一种，构图中带有大面积、大体量的图案。在和玺线格式内，色彩为青、绿、红三色组合。红成为主要色彩之一，因此效果相对较明快。

色彩与图案的做法为：

(1) 与金龙和玺比较，凡是原金龙和玺的青色枋心、找头部位，均变为红色。各较窄的平行线如楞（枋心外）、线光子部分、岔口线部分仍为青绿两色间差调换运用。

(2) 在枋心、找头等部位，凡红色部分，画大草，配以法轮，所以又称法轮或轱辘草。凡绿色部分画龙。

龙的周围配片金云或金琢墨五彩云。草进行多层次的退晕。应当说明，龙草和玺在较早时期比较复杂，以后逐渐简化，目前，平板枋、由额垫板等部位的草图案都较简单，也常不加图案。

4. 和玺彩画的箍头与岔角

和玺彩画的箍头有素箍头与活箍头之分，素箍头又称死箍头，活箍头分为贯套箍头与片金箍头两种。贯套箍头内画贯套图案，贯套图案为多条不同色彩的带子编结成一定格式的花纹，增加和玺彩画的效果。贯套箍头又有软硬之分，软贯套箍头（图13-11～图13-13）为曲线图案编成，硬贯套箍头（图13-14～图13-16）为直线画成。

图 13-11 软贯套箍头
（汉瓦箍头心）（左）
图 13-12 软贯套箍头
（海棠盒箍头心）（中）
图 13-13 软贯套箍头
（夔龙凤箍头心）（右）

图 13-14　硬贯套
箍头（一）（左）
图 13-15　硬贯套
箍头（二）（中）
图 13-16　硬贯套
箍头（三）（右）

色彩做法为：

（1）青箍头画硬贯套图案，主要色彩为青色和香色，绿箍头画软贯套图案，主要色彩为绿色和紫色。片金箍头内多画片金西番莲，贯套箍头与片金箍头两侧多画连珠带图案。带子为黑色，连珠分别为紫色和香色，其中紫色连珠配软贯套图案，香色连珠配硬贯套图案，各色连珠均退晕。贯套箍头可用于金龙和玺和龙凤和玺彩画格式中，龙草和玺多用素箍头。

（2）岔角为活盒子（软盒子）（图13-17）外的四个呈三角形的角。一种画岔角云（图13-18），云多为金琢墨做法，与枋心五彩云相同；一种画切活（黑底色的图案）。切活图案如果用于青色岔角则画草（图13-19），绿色岔角则画水牙（图13-20）。

5. 和玺线格式的变化做法

和玺线格式的变化主要指在适应长短不同的固件构图时，增减内容和线型的变化：

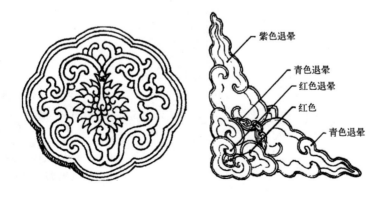

紫色退晕

青色退晕

红色退晕

红色

青色退晕

图 13-17　活盒子（左）
图 13-18　岔角云（右）

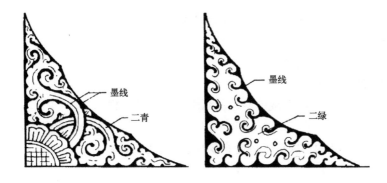

图 13-19 切活——草（左）

图 13-20 切活——水牙（右）

（1）当构件长时，和玺线增加盒子的构图，双箍头（盒子两侧各一条），并使用贯套箍头。

（2）当构件过长时，其找头部位画两个图样，双龙、双凤或一龙一凤，依据彩画内容而定。

（3）构件较短，找头部分的内容可进行适当调整，如画片金草代替龙凤图样。

（4）构件过短时，可将线光子部分与枋心部分的大线合并，即把找头两侧的大线合并，这时由线光子心至枋心头的各平行斜线共为四条，可省去相当大的一段距离，便于构图。各线之间距离、宽窄相同。

任务二　旋子彩画分类、等级及做法

旋子彩画是常用的另一种殿式彩画，但图案特点与和玺彩画有很大差别，它本身自成一类，效果由辉煌华丽至简单素雅，分成若干等级。旋子彩画为传统花纹图形，主要用于一般官衙、庙宇、城楼、牌楼和主殿堂的附属建筑及配殿上，从应用规制上看低于和玺彩画。

旋子彩画的特点主要体现在找头上，其等级规格也与找头的表现形式有密切关系。找头特点有二：一是既定形状的图案在长短不同构件上的运用变化方式；二是找头图案的表达效果，即用何种工艺、方法表达既定特点的花纹。第二点的运用既是表达图样的效果，又是形成旋子彩画各等级特点的标志。

1．旋花（图 13-21）

旋子彩画的找头花纹格式为层层圆圈组成的图案，每层圆圈之中又有若干花瓣，称旋子或旋花（北京地区彩画行业"旋"字发"学"音，"学"为原始发音，"旋"为后配的词）。

旋花每层（又称每路）瓣的大小不同，最外一层花瓣最大，称一路瓣。整周的旋花瓣对称，由中线向两侧翻，每侧个数不等，有四、五、六个，大多为五个，六个以上较少。由于个数对称，整周旋花瓣为双数，即八、十、十二个。一路瓣之内分别为二路瓣和三路瓣，在较大体量的旋花中，有三路瓣，较小旋花则为两路瓣。第二路瓣的个数与一路瓣的个数相等，第三路瓣整周数比第一路少一瓣，为单数，如头路瓣、二路瓣每层为十个瓣，则三路瓣整周为九个瓣。

旋眼——旋花的中心有花心。

菱角地——一路各瓣之间形成的三角空地。

宝剑头——对称旋花端头的三角形。

栀花心——在找头中各旋子外圆之间形成的空地所画图案为栀花，栀花也有栀花心。

旋眼、栀花心、菱角地、宝剑头的特点是区别旋子彩画等级的主要标志。

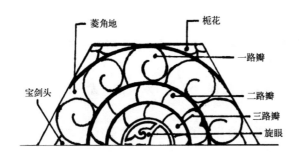

图 13-21　旋花

2. 找头各种旋花组合形式

旋花在找头的构图格式以一个整圆连接两个半圆为基本模式，彩画称这种格式为"一整两破"（图 13-22），找头长短不同可以"一整两破"为基础进行变通运用，找头长需增加旋花的内容，找头短用"一整两破"逐步重叠，最短可形成"勾丝咬"（图 13-23）图形，之后加长分别为喜相逢（图 13-24）、一整两破、一整两破加一路（图 13-25）、一整四破加金道冠、一整两破加勾丝咬（图 13-26）、一整两破加喜相逢、二整四破直至数整破图形。如果特短的构件其找头也可画栀花或四角各画 1 个 1/4 旋花，均为旋子彩画找头的格式。

旋子彩画部位名称见图 13-27。

图 13-22　一整两破

图 13-23　勾丝咬

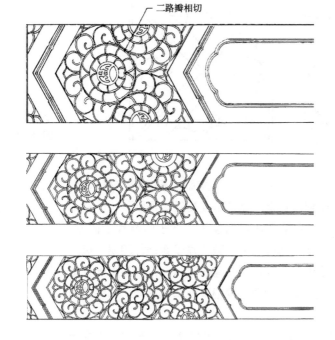

图13-24 喜相逢

图13-25 一整两破加一路

图13-26 一整两破加勾丝咬

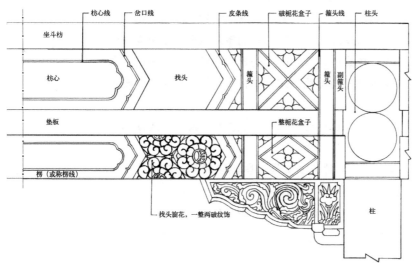

图13-27 旋子彩画部位名称

3．旋子彩画色彩运用做法

旋子彩画色彩配置同彩画色彩使用的基本做法。

4．金琢墨石碾玉

（1）五大线（枋心线、岔口线、找头线、盒子线、箍头线）均沥粉贴金退晕（其中，素盒子即俗称的整盒子（图13-28）与破盒子（图13-29）的大线也退晕，但活盒子不退晕）。

（2）枋心画龙、凤、西番莲、宋锦、轱辘草等。龙、凤、西番莲多为片金做法；轱辘草多为金琢墨做法。如枋心由龙和宋锦互相调换运用，青地画金龙配绿楞，绿地改画宋锦配青楞。

图13-28　整盒子（左）
图13-29　破盒子（右）

（3）找头旋花一路瓣轮廓线均沥粉贴金退晕；旋眼、栀花心、菱角地、宝剑头也沥粉贴金；各路旋花每个瓣均退晕；栀花瓣沥粉贴金退晕。

（4）金琢墨石碾玉旋子彩画的盒子多使用活盒子，盒子内画片金团龙、片金凤、片金西番莲或瑞兽，内容基本与枋心保持一致。盒子青地画团龙（凤）、绿地画西番莲草等图案，均为片金图案；在枋心与盒子龙（凤）的周围配片金云，无五彩云，盒子的岔角青箍头配二绿岔角，绿箍头配二青岔角，二绿岔角切水牙图案，青岔角切草形图案。

（5）平板枋上画龙凤为一龙一凤的相间排列，也是按总面宽定，由两端向明间中间对跑或对飞。除左右两侧对称外，每边的龙凤个数也成对。向中间对跑时，龙在前，凤在后。或画行龙或飞凤，用片金的做法（金琢墨降魔云也可用，云线沥粉贴金退晕，为两色组成，其中向上的云头为青色，向下的云头为绿色，云头之内画栀花，退晕方式同旋花，即只栀花瓣退晕，在花心与菱角地、圆珠三处贴金）。

（6）挑檐枋之上，可画流云，也可画工王云，用金琢墨做法。或使用青地素枋。

（7）由额垫板各间分别构图，画片金龙、凤或阴阳轱辘草。靠箍头一侧的草为阴草，两阴草之间为阳草，阴阳草互相间隔。

（8）旋子彩画表现的柱头部位也画旋花，做法同枋木旋花做法（以下旋子彩画亦使用此做法）。

金琢墨石碾玉彩画极为辉煌，层次丰富，可与和玺彩画媲美。但由于该彩画用金较多，在排级上又不如和玺，故应用较少，实例不多。

5. 烟琢墨石碾玉

为旋子彩画的第二等级，低于金琢墨石碾玉规格。较早时期这种彩画多见，现在常见的烟琢墨石碾玉彩画与早期的特点略有差别，但在找头部分的旋花中，表达方式一样。

（1）旋子彩画有五条大线沥粉贴金退晕（其中，素盒子即俗称的整盒子与破盒子的大线也退晕，但活盒子不退晕）。

（2）找头部位的旋花各圆及各路瓣用墨线画成，一路瓣、二路瓣、三路瓣及栀花瓣均同时加晕，但不贴金，只在旋眼、栀花心、菱角地、宝剑头四处贴金。

（3）枋心由龙和宋锦互相调换运用，青地画金龙配绿楞，绿地改画宋锦配青楞。

（4）烟琢墨石碾玉彩画用活盒子。盒子内画片金团龙、片金凤、片金西番莲或瑞兽，内容基本与枋心保持一致。盒子青地画坐龙(凤)，绿地画西番莲草等图案，均为片金图案；在枋心与盒子龙（凤）的周围配片金云，无五彩云，盒子的岔角青箍头配二绿岔角，绿箍头配二青岔角，二绿岔角切水牙图案，青岔角切草形图案。

（5）烟琢墨石碾彩画的平板枋画"降魔云"图案，做法同金琢墨石碾玉，不同的是栀花瓣轮廓线用墨线，并退晕。

（6）垫板经常运用轱辘草和小池子半个瓢这两种图案，其中轱辘草多运用于大式由额垫板，为红地金轱辘、攒退草或片金草。小池子多用于小式垫板之上，也可用于平板枋、挑檐枋之处和由额垫板之上。

（7）挑檐枋也有流云图案的设计，也有素枋。

烟琢墨石碾玉是常用的旋子彩画，很多大型、重要的庙宇都用，北京的文化宫太庙，团城上的承光殿即属此种彩画。

6. 金线大点金

金线大点金是旋子彩画最常用的等级之一，在旋子彩画各等级中属中上，它的退晕、贴金和枋心盒子等部位的内容在设计上均恰到好处，是旋子彩画的代表形式。

（1）枋心线、箍头线、盒子线、皮条线、岔口线五大线沥粉贴金退晕，其中枋心线、岔口线，每线之一侧加一层晕色；活盒子线不加晕色；素盒子线，即十字相交破盒子线与菱形整盒子线双侧加晕；皮条线双侧加晕。

（2）找头外轮廓大线，各层旋花的轮廓线，各个旋花瓣、栀花瓣以及靠箍头的栀花瓣均为墨线，不退晕；在旋眼、栀花心、菱角地、宝剑头四处沥粉贴金。

（3）盒子分活盒子与素盒子。活盒子可用青、绿两色调换，也可用青白两色调换，青盒子内画片金龙（凤），绿盒子内画片金西番莲。白盒子用在绿盒子部位，画瑞兽，这种做法较早时期多用。素盒子，以栀花盒子为例，靠近青箍头画整盒子，靠近绿箍头的画破盒子。整盒子线内画青色，栀花为绿色，盒子线外与其相反，栀花画青色；破盒子线上下为绿色，破盒子在绿箍头之间用。在较早时期大点金，烟琢墨石碾玉及金琢墨石碾玉彩画的盒子也有四合云如意盒子与十字别盒子的设计，近似这种整破盒子，后来分别被整栀花盒子与破栀花盒子代替，逐渐简化。栀花花纹不如前者精致，前者图样至今尚有多见。

（4）金线大点金的枋心由龙锦互相调换，同烟琢墨石碾玉形式。

（5）金线大点金彩画的垫板上的图案同烟琢墨石碾玉，只用半个瓢，栀花不退晕，在各菱角地和花心处贴金；小池子内多画黑叶子花、片金花纹与攒退花纹；黑叶子花画于二绿池子内；片金花纹画于红池子内；攒退花纹画于二青池子内（也可调换）。

（6）大式由额垫板多画轱辘草，两侧的半个轱辘（半个轱辘为阴草，向中间排列依次为阴草阳草，中间轴线上为一完整的阳草）为绿色，草多为攒退草或片金作。草由青绿两色组合。

（7）平板枋的降魔云图案及色彩同烟琢墨石碾玉，也是云头大线沥粉贴金并认色退晕，但栀花不退晕，栀花的贴金同烟琢墨石碾玉，在花心、菱角地、圆珠三处贴金。

（8）挑檐枋边线沥粉贴金，青色有晕，一般不画其他花纹。

金线大点金旋子彩画的枋心、找头、盒子等部位，在不同场合亦有不同的设计。

7. 墨线大点金

也是最常用的旋子彩画之一，多用在大式建筑之上，如城楼、配殿、庙宇的主殿以及配房等建筑上。墨线大点金为旋子彩画的中级做法，也是旋子各彩画由高级到低级的一个关键等级，很多明显的不同处理方式均由此等级开始变化，其设计做法为：

（1）墨线大点金的所有线条，包括五大线及旋花的大小轮廓线，都是墨线，无一条线贴金，也无一处有晕色；找头部位处理同金线大点金，在旋眼、栀花心、菱角地、宝剑头四处贴金。

（2）墨线大点金的枋心有两种表现方式，一种同金线大点金，枋心之内分别画龙锦，互相调换；另一种枋心内画一黑色粗线，为一字枋心，俗称"一统天下"。较窄的枋心也可不画"一统天下"，即青色素枋心，称"普照乾坤"。

墨线大点金如果枋心不贴金，其他部位贴金量又都较小，且分散，再加上没有晕色，所以整组彩画金与青绿底色的差别非常明显，如同繁星闪烁，使得彩画宁静素雅之中又见活泼，是运用广泛的彩画形式。

（3）墨线大点金多用素盒子，盒子内的退晕、用金方式同找头。

（4）平板枋上画降魔云。云头线为墨线，不贴金、不退晕；栀花贴金同金线大点金，也是在花心、菱角地、圆珠三处贴金。

（5）小式垫板画小池子半瓢图案，图案中无金线，只在菱角地、花心两处贴金（包括宝剑头）。大式的由额垫板有两种画法，一种画小池子半个瓢；另一种为素垫板，只涂红油漆，不画任何图案，红色垫板把大小额枋截然分开，称腰带红或腰断红。

（6）挑檐枋为青地素枋。

8. 金线小点金

这种彩画偶有所见，不常用，大效果接近金线大点金，只是在金线大点金做法基础上，减掉菱角地、宝剑头两处贴金部位则为金线小点金。各大线沥粉贴金加晕，枋心内画龙锦，找头部分旋花为墨线不加晕。

9. 墨线小点金

这是用金最少的旋子彩画，多用在小式建筑上。做法为：

（1）所有线条均不沥粉贴金，枋心之中也不贴金，只在找头的旋眼与栀花心两处贴金，其他部位如盒子，也只在栀花心处贴金。整个彩画不加晕色。

（2）墨线小点金的枋心有两种安排方式，一种画夔龙与黑叶子花，夔龙画在章丹色枋心之上，构件的箍头为绿色；黑叶子花画在青箍头的枋心中，枋心为绿色；另一种做一字枋心或素枋心。

(3) 垫板画小池子半个瓢，只在两个池子之间的栀花心处贴金。垫板一般三个池子，如果是绿箍头配两个章丹池子，也画夔龙，一个二青池子画"切活"图案或二绿地画黑叶花等。如果是青箍头则画一个章丹池子，两个二青或二绿池子。中间池子的色要与檐檩枋心的色有区别（不能同一色）。

10. 雅伍墨

是最素的旋子彩画，大小式建筑均有所见，用于低等的建筑装饰上。做法为：

(1) 所有线条，包括梁枋的所有大线以及各部位细小的旋花、栀花等级处的轮廓线均为墨线，均不沥粉，不加晕色，不贴金。整组彩画只有青、绿、黑、白，四色画齐。

(2) 雅伍墨的大式由额垫板不画图案，为素红油漆。小式垫板池子半个瓢，也不贴金，小式枋心多画夔龙黑叶子花，所以池子同小点金画法。

(3) 大式枋心画"一统天下"，或一字枋心与"普照乾坤"互用，其中青枋心为"普照乾坤"，绿枋心为"一统天下"。

(4) 平板枋可画不贴金的"降魔云"或不贴金的栀花，也可只涂青色，边缘加黑白线条，称"满天青"。

(5) 挑檐枋为青地素枋。

11. 雄黄玉

雄黄玉是另一种调子的旋子彩画，传统以雄黄为颜料，以防构件虫蛀，所以该彩画多见于房库建筑，现多用石黄配成雄黄色（石黄比雄黄浅）运用。其特点分底色与线条两项，色即雄黄色，不论箍头、找头、枋心均用黄色。线条，包括大线与找头的旋花、栀花花纹为浅青、深青和浅绿、深绿退晕画成，青绿分色的做法与旋子彩画相同，但调子和退晕层次区别于一般旋子彩画，所以在旋子彩画类中可不列为第八等。

以上各种类的旋子彩画（雄黄玉除外）是按其等级高低顺序排列的。其中，以贴金多少和退晕层次为标志，同时同一种彩画由于枋心表现方法繁简不同，也有高低之别，如墨线大点金枋心既可画龙、锦，也可画一字。旋子彩画中有贴金的为前六种，不贴金的只有雅伍墨及雄黄玉。贴金的彩画中，大线贴金的为前三种（金琢墨石碾玉、烟琢墨石碾玉、金线大点金）及金线小点金，其余大线不贴金，又凡是大点金的彩画贴金除旋眼、栀花心外均包括菱角地、宝剑头共四处贴金，小点金彩画只在旋眼、栀花心两处贴金。旋子彩画用于柱头等处，形式同大木彩画（指檩枋大木），也是全用旋子（或栀花）排列，但基本都是整圆旋子。

另外，尚有一种混金旋子彩画，即在有沥粉的大木之上满贴金，不留余地，这种做法虽极为辉煌但较罕见，故未列入顺序之中。旋子彩画的箍头均为素箍头，较早时期个别等级如石碾玉有时用"贯套箍头"和其他形式的设计，现视为特例。

任务三　苏式彩画分类、等级及做法

苏式彩画与前两种彩画从风格到内容上都有很大的区别。苏式彩画由图案和绘画两部分组成，两者交错运用，加之构图灵活，格式多样，所以富于变化。常用的图案多为传统图案，小巧精致，内容丰富；绘画部分包括各种画题的人物故事、历史典故、寓言传说以及山水、花鸟、走兽、鱼虫等内容。另外，苏式彩画中还有介于前两者之间的装饰画，它是形成苏式彩画风格多变，同时又使自身统一协调的重要部分，如各种瑞兽祥禽、流云、博古、黑叶子花、竹叶梅等，在表达上既有绘画的灵活，又有图案的工整。苏式彩画的画题多加喻意，不论是图案还是绘画，均多方面着眼进行立意，以取其喜庆、吉祥之意，传统彩画在这方面尤为突出，目前许多彩画仍保留其特色。

1. 苏式彩画部位名称（图13-30）

苏式彩画给设计者留有大胆想象、创意的空间，故形式多种多样。从演变实例看，其构图、做法几无定式，所以现仅以常见的形式为例进行说明与介绍。

1) 包袱

苏式彩画的构图有多种，将梁枋横向分为三个主要段落的构图就是其中一种。但最有代表性的构图是将檩、垫、枋（小式结构）三件连起来的构图，主要特征为中间有一个半圆形的部分，称"包袱"。包袱内画各种画题，由于绘画时需将包袱涂成白色，所以行业中又称这部分为"白活"。

2) 烟云、托子

包袱的轮廓线称"包袱线"，由两条相顺，有一定距离的线画成，每条线均向里退晕，其里边的退晕部分称"烟云"，外层称"托子"，有时将这两部分统称烟云。烟云有软硬之分，由弧线画成的烟云称"软烟云"（图13-31），由直线画成的烟云称"硬烟云"（图13-32）；软硬烟云里的卷筒部分称"烟云筒"，另外烟云也可设计成其他式样的退晕图样，这样更富于变化。

3) 卡子

苏式彩画的构图又常在包袱箍头之间有一个重要图案，靠近箍头称"卡子"，卡子也分软卡子（图13-33）和硬卡子（图13-34），分别由弧线与直线画成。

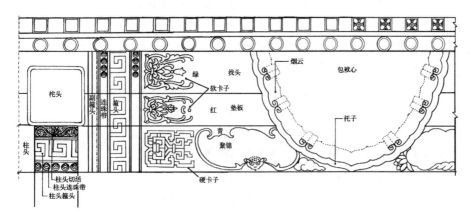

图13-30　包袱式苏式彩画构图部位名称

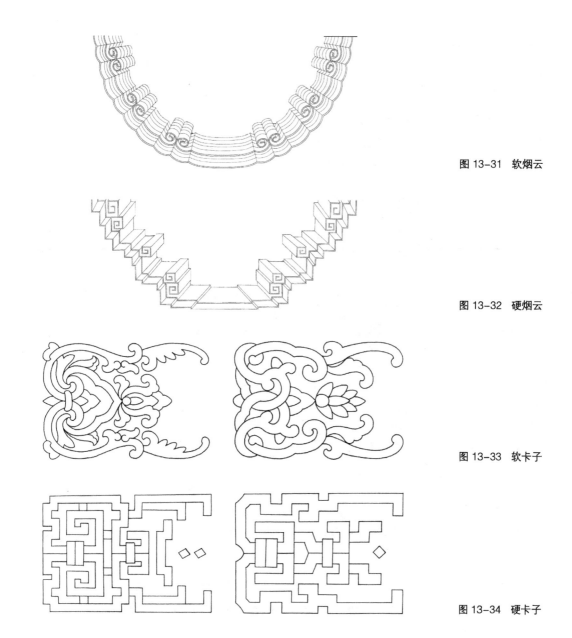

图 13-31　软烟云

图 13-32　硬烟云

图 13-33　软卡子

图 13-34　硬卡子

4）池子、聚锦、找头花、连珠带

在卡子与包袱之间，靠近包袱的垫板上的绘画部位称"池子"，池子轮廓的退晕部分也称烟云。在枋子靠近包袱的部分，有一小体量的绘画部位，形状不定，称"聚锦"（图 13-35）；与聚锦对应的部分（如下枋为聚锦，则指檐檩的该部位）最普通的画题是画花，称"找头花"；箍头两侧的窄条部分称"连珠带"（图 13-36）（不一定都画连珠）。

另一种枋心式构图（图 13-37）是以单件为单位，不将檩、垫、枋连起来的构图，每件分别进行设计，也分箍头、找头、枋心三个部分，枋心占枋长的 1/3，两端找头与箍头相加，各占枋长的 1/3。其中去掉箍头部分，余者为找头。在找头部位也分别包括卡子、聚锦、找头花。这种格式的构图多用于廊

图 13-35　聚锦（左）
图 13-36　连珠带（右）

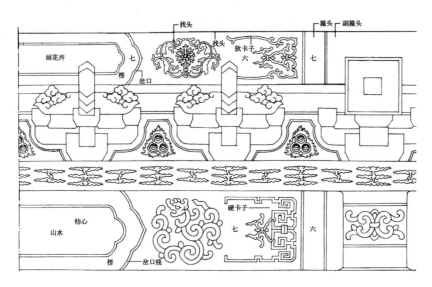

图 13-37　枋心式苏式
彩画构图部位名称

子的掏空部分或亭子内檐构架。但如果是檩、垫、枋连起来的结构，檩、枋采用上述构图，这时的垫板则要以另一种方式装饰，如通画博古或通画花卉，格式不与上下两件雷同。

2. 苏式彩画色彩与纹样

（1）箍头。苏式彩画的箍头也是青绿两色为主，互相调整运用，但里面的内容变化较大，有时甚至改变其色彩。箍头中常用的图案有回纹、万字、汉瓦、卡子、寿字、锁链、工正王出等。苏式彩画的箍头也是连起来构图，其中垫板与檩部色彩相同，下枋子箍头为另一色。箍头两侧的连珠带分黑色和白色两种，黑色上边画连珠；白色上边画方格锦（灯笼锦），又称"锦上添花"。青箍头配香色连珠带或香色方格锦，或配绿色方格锦；绿箍头配紫色连珠带，紫色方格锦，或配青色方格锦。

（2）找头、卡子、聚锦、池子、找头花。檩构件如果是青箍头，则为绿找头，配软卡子，剩余部位画黑叶子花（找头花）或瑞兽、祥禽。找头的两侧画题对称，包袱左侧的找头如果画黑叶子花，则右侧也画黑叶子花；左侧画祥禽瑞兽，右侧也画祥禽瑞兽。枋构件如果为绿箍头，则找头为青色，配硬卡子，靠包袱配聚锦。其中，卡子的色彩配青色找头，为香色或绿色以及香色、绿色、红色等色组合，绿色部位的卡子为紫色或青色或红、青、紫等色组合。垫板不论箍头是青还是绿，均为红色，固定配软卡子，画在红地之上。聚锦的画题同包袱，色彩除白色外，尚有各种浅色，如蛋青、旧纸、四绿等色。包袱两侧的聚锦内容多不相同，如左边的聚锦画山水，右边的则可画花卉，画题不对称，而池子两侧的画题则对称，一般多画金鱼。聚锦与池子也可称"白活"，因画法相同。

(3) 柱头部分的箍头内容同大木，宽窄也一致，色彩按做法定，但在箍头的上部多加一窄条朱红（章丹）色带，上面用黑线画较简单的花纹（切活）。

(4) 檩、垫、枋单体构图的排色基本同旋子彩画，只是较简化，细部段落较少，最后成为青箍头、绿找头、青楞的排列格式。枋心画白活，找头部分青找头配硬卡子，绿找头配软卡子。卡子与枋心之间的内容同上，也是青找头配聚锦，绿找头配黑叶子花或其他画题。

苏式彩画在固定的格式下，也可以分成高级、中级和较简化的种类，主要指用金多少、用金方式、退晕层次和内容的选择等，形成华丽、繁简程度不同的装饰，这些多见于细部。一般可分为金琢墨苏画、金线苏画、黄线苏画、海墁苏画等。另外，取苏式彩画的某一部分又可变成极简单的装饰方案，如掐箍头彩画或掐箍头搭包袱彩画，即提取箍头部分的图案或同时提取箍头与包袱两部分，均属苏式彩画范围。

3. 金琢墨苏画

金琢墨苏画是各种苏式彩画中最华丽的一种，主要特征为贴金部位多，色彩丰富，图案精致，退晕层次多。各具体部位做法为：

(1) 箍头为金线，箍头心的图案均为贴金花纹，如金琢墨花纹或片金加金琢墨花纹，常用图案有倒里回纹、倒里万字、汉瓦卡子等。

(2) 包袱线沥粉贴金。包袱中的画题不限，但表现形式往往较其他等级的苏画略高一筹，比如一般包袱中画山水，同普通绘画。金琢墨苏画包袱的山水却有以金作衬底（背景）的例子，称窝金地，当然不是普遍运用，也只在突出位置上表现，如用在主要建筑的明间包袱中。

(3) 烟云有软硬之分，相间调换运用，其中明间用硬烟云，次间用软烟云。烟云的退晕层次为七至九层，托子的退晕层次为三至五层，多为单数。烟云与托子的色彩搭配做法为青烟云配香色托子；紫烟云配绿色托子；黑烟云配红色托子。烟云筒的个数每组多为三个，个别处也可为两个。

(4) 卡子为金琢墨卡子或金琢墨加片金两种做法组合图案。由于花纹退晕层次较多，故卡子纹路的造型应相应加宽，但要仍能使底色有一定宽度，以使色彩鲜明，画题突出。

(5) 找头花部位，但金琢墨苏画很少在绿找头上画找头花，因找头花效果单调，所以金琢墨苏画多在这个部位画活泼生动的各种祥禽瑞兽和其他设计。兽的种类与形态不拘。祥禽以仙鹤为主，配以灵芝、竹叶水仙、寿桃等，名为"灵仙祝（竹）寿"。

（6）聚锦：画题同包袱，但变化的聚锦轮廓（聚锦壳）周围的装饰相应精致，式样多变，为金琢墨做法。聚锦壳沥粉贴金。

（7）桅头边框沥粉贴金多画博古，三色格子内常做锦地，外边常加罩子，显得工整精细。桅头帮多石山青色，画灵仙竹寿或方格锦配汉瓦等图案。在桅头也有画建筑风景的（线法画），但因桅头体量小，画线法效果不协调。

（8）池子内画金鱼。烟云也退晕。轮廓线沥粉贴金。

4. 金线苏画

为最常用的苏式彩画，有多种用金方式，目前分为三种：第一，箍头心内为片金图案，找头为片金卡子；第二，箍头心不贴金，找头为金卡子贴金；第三，箍头心内为颜色图案不贴金，找头为颜色卡子也不贴金。但金线苏画的箍头线、包袱线、聚金壳、池子线、桅头边框线均沥粉贴金。各部位的做法为：

（1）箍头大多为贯套箍头，个别情况用素箍头。箍头心内以回纹万字为主，一般不分倒里，以一色退晕而成，仅画出立体效果，称阴阳万字。连珠带画连珠或方格锦，方格锦软硬角均可。

（2）包袱内画题不限，多采用一般表现方法，很少有金琢墨苏画的"窝金地"做法。各间包袱内容调换运用，对称开间，即两个次间画题对称。包袱内的山水包括墨山水、洋山水、浅法山水、花鸟等。

（3）烟云一般多为软云，两筒三筒均可。在重要建筑的主要部位常搭配硬烟云，烟云层次为五至七层，常用的为五层。烟云与托子的配色方法同金琢墨苏画。

（4）卡子分片金卡子与颜色卡子两种，如果箍头心为片金花纹，则卡子为片金卡子；箍头心为颜色花纹，卡子为颜色卡子，也有片金卡子，即卡子做法高于箍头。如果找头是颜色卡子，箍头心必为颜色箍头或素箍头。颜色卡子多为攒退活做法。

（5）找头部分画黑叶子花，瑞兽祥禽任取一种，同一座建筑物不得同时用两种画题，现一般多画黑叶子花、牡丹、菊花、月季、水仙等，内容不限。

（6）聚锦画题同包袱。聚锦轮廓造型可稍加"念头"（聚锦轮廓的附加花纹），念头做法同金琢墨聚锦。

（7）桅头多画博古。在次要部位可画桅头花。博古一般不画锦格子。桅头帮可用石山青色衬底，也可用香色衬底，画藤萝花、竹叶梅。桅头花及竹叶梅多为作染画法。

5. 黄线苏画

各部位轮廓线与花纹线均不沥粉贴金，有时只沥粉但并不贴金而作黄线，即凡金线苏画沥粉贴金的部分，一律改用黄色线条。如箍头线、枋心线、聚锦线均用黄色代替金，由于该种做法较早时期施以墨线，所以又叫墨线苏画，现多用黄线，除用金外，各部位所画内容也多简化，但墨线苏画多做枋心式设计。

（1）箍头心内多画回纹或锁链锦等，回纹单色，阴阳五道退晕切角而成，锁链锦简单粗糙少用，个别部位也可用素箍头，依设计而定。

（2）包袱内画题不限，但不画工艺复杂的画题，以普通山水（墨山水或洋山水）、花鸟两种画题最多。

（3）除包袱线不沥粉贴金外，退晕同金线苏画，一般为五层，烟云为软烟云，多为两筒。

（4）卡子色彩单调，绿底色多配红卡子，青底色多配绿卡子或香色卡子，卡子多单加晕，跟头粉攒退。

（5）找头部分多画黑叶子花，内容与表达方式同金线苏画。

（6）聚锦很少加念头，多直接画一个简单的轮廓，在其中画白活。

（7）垫板部分可加池子也可不加池子。如加池子，里面内容同金线苏画，可不退烟云，为单线池子。不加池子就直接在红垫板上画花，如喇叭花、葫芦叶、葡萄等。

（8）枋头可画博古与枋头花，也可只画枋头花，前者博古画在较显要的位置。枋帮可用拆垛法画，画竹叶梅等花纹。

6. 海墁苏画

在构图格式上与前几种苏画有很大差别，其特点为：除保留箍头外，其余部分可皆尽省略，不进行构图，两个箍头之间通画一种内容。有时靠箍头保留有卡子图案。箍头多为素箍头，并且不加连珠带。如加卡子，卡子多单加粉。在两个箍头之间的大面积部位所画内容依色彩而定，一般檩枋为两种内容互相调换，即流云与黑叶子花。流云为画在青色的部位，箍头为绿箍头；黑叶子花画在绿色的部位，箍头为青箍头。流云为较工整做法，云朵由绿、红、黄等色彩组合。黑叶子花构图灵活，章法不限，一般由中间向两侧分枝。垫板部位红色不进行固定格式的构图，多画青色拆垛花。另外，在用色上两箍头之间的檩枋部位，也可改青、绿色为紫、香色，画题不变，为较低级的表现方法。枋头青色可画拆朵花卉，枋帮香色或紫色画三青竹叶梅，多不作染。

苏式彩画运用比较灵活，上述金琢墨苏画、金线苏画、黄线苏画、海墁苏画，均在构件上满涂颜色，绘制图案和图画，其中前三种格式基本相同，海墁苏画两箍头之间不进行段落划分。又各种苏画各个部位常见做法也不固定，划分不十分明显，同一做法常见于两种苏画之上，互相借用。但上述规定借用时只能低等级地在适当场合借用高等级的表现方式，而高等级的彩画不能随便移用较低等级的表现方式，如枋头花，黄线苏画为作染画法，较精细，海墁苏画为拆垛画法，较简单，可用作染法，但黄线苏画一般不能用拆垛法。对构件不进行全部构图的做法为掐箍头与掐箍头搭包袱两种。

7. 掐箍头（图13—38）

在梁枋的两端画箍头，两箍头之间不画彩画而涂红色，现多为氧化铁红油漆，这种做法称掐箍头。掐箍头的彩画包括箍头、副箍头、枋头、枋头帮、

图13-38　掐箍头（左）
图13-39　掐箍头搭包
袱（右）

柱头。由于掐箍头、彩画部位少，所以选择做法要适当，一般按黄线苏画内容
而定，也可略高些，甚至有时可在箍头线处贴金。箍头心内画阴阳万字或回纹，
枋头多画博古，枋头帮画竹叶梅或藤萝等，枋头底色为香色、紫色、石山青等
不限。掐箍头是苏画中最简化的画法。

8. 掐箍头搭包袱（图13-39）

在掐箍头的基础上，中间部位加包袱，包袱两侧至箍头之间仍然涂以较
大面积的红油漆，这种彩画既包括图案，又包括包袱内的绘画两部分内容，构
图较充实，形式较掐箍头灵活。箍头心内多画阴阳回纹或万字，枋头同金线苏
画内容，多画博古，枋头帮画藤萝或竹叶梅，底色为香色或石山青。包袱是该
彩画唯一重要的部位，由于旁边没有其他图案陪衬，故十分明显突出，所选内
容与画题应相对考究，如果该类彩画用于游廊，众多的画面中，至少应三种画
题间差运用，如用山水、花鸟、走兽三种画题，或山水、人物、花鸟三种画题
间差运用。多者不限。包袱线退晕层次多为五层，不宜过多，包袱线与枋头边
框线，可贴金也可做黄色，依据要求的高低而定。

另外，在某些场合，也有苏式彩画与和玺彩画相配，苏式彩画与旋子彩
画相配的例子，主要用于园林的某些点景建筑上，彩画具有图案工整严谨、画
面生动活泼、富有情趣的特点，别具风格。但运用时应当慎重，不能在群体建
筑中普遍、大量运用。

9. 和玺加苏画

用和玺彩画的格式（段落划分线），在枋心、找头、盒子等体量较大的部
位画苏画的内容，即在其中添上山水、人物、花鸟等画题，所以就没有必要考
虑是什么和玺加苏画了。和玺加苏画的大线做法的贴金、退晕、色彩排列均同
普通和玺，只有枋心等画画的部位改成白色或其他底色。

10. 大点金加苏画

处理方法同和玺加苏画，即用大点金彩画的格式，旋子大线、旋花找头、
大点金的贴金、退晕做法（包括金线大点金与墨线大点金两种）。将其中枋心、
盒子中的龙、锦等内容改成山水、人物、花鸟等内容；配色做法按大点金进行，
只在绘画部位涂白色，此种彩画可在园林中偶用，正规的殿宇不采用，否则会
与建筑物的功能矛盾，运用时应慎重。在园林中除大点金加苏画外，尚有小点

金甚至雅伍墨加苏画的例子，均将其枋心、盒子部位涂成白色。但实例很少，效果不如大点金加苏画得体。

因苏式彩画的特殊性和灵活性，在等级高低体现方面，并不是绝对按上述形式排列，另外和玺加苏画与大点金加苏画为后期出现的彩画形式，亦不可按高低等级排列。

任务四　檐头彩画分类、等级及做法

檐头部位彩画包括椽头、望板、椽肚、角梁、宝瓶，这部分彩画与油漆有密切的联系，彩画图案多画在红绿油漆之间，其图案格式有的比较固定，有的则富于变化，从中也可以看出所装饰的建筑物的等级和所配的彩画种类。

1. 椽头彩画

在飞檐椽与老檐椽的端面做彩画，分别称这两个部分为飞檐椽头与老檐椽头，出于体量小，又依次重复排列，所以选用的图案与表达方式均以简单醒目为前提，其做法包括色彩、内容、层次变化等方面。

1）飞檐椽头

飞檐椽头常用万字（图13-40）、栀花（图13-41）两种图案，其中万字图案具有工整、精细、醒目的特点，宜于在方块部位中构图，可大量运用。如北京故宫建筑群，北京地区的各坛庙、官衙、城楼、民宅、园林的飞檐椽头彩画均为万字。栀花图案近似"软"做法。除方框外均为弧线，一字排开，不如万字美观，在一段时间某些建筑的檐椽头用栀花图案，不论万字还是栀花飞檐椽头均为绿色，涂刷绿油漆为防雨淋，只是图案的色彩效果有变化。各种图样可依据如下做法：

（1）沥粉贴金万字：这种万字用之最广。绿油漆底色、沥粉贴金万字图案，又称片金万字。宜于与各种有金的大木彩画相配，即和玺彩画、墨线小点金以及墨线小点金以上等级的旋子彩画，贴金的苏式彩画（包括掐箍头使用金线）均可用此种万字。

（2）黄万字：为绿底色，黄色万字图案平涂，不沥粉贴金，配雅伍墨彩画和不贴金的苏式彩画，如黄线苏画、黄线掐箍头等。

图 13-40　万字（左）
图 13-41　栀花（右）

（3）墨万字：绿底色、黑万字，用途同黄万字，配不贴金的大木彩画。清代早期多见，现多为黄万字代替，因其效果醒目。

（4）切角万字：同箍头中的切角万字，为绿色退晕，具有立体效果，工艺稍繁，少用。多配各种不贴金的苏式彩画，是不贴金苏式彩画椽头的较高级式样。

（5）十字别：为大小十字相套的图形，绿色图案以黑白线条划分轮廓，无立体效果，配不贴金的苏式彩画，较精细。当然也有个别贴金的十字别椽头，视彩画类型，由设计定。

（6）栀花椽头分为片金栀花、黄栀花和墨栀花，用途同万字。无切角栀花。

2）老檐椽头

老檐椽头分殿式与苏式两类，殿式图案工整，格式固定，其中圆椽头多为退晕的画法，有金的称龙眼，无金的称虎眼。金龙眼与墨虎眼均一字排开，青绿两色互相调换。做法为：由角梁开始向明间中线青、绿、青、绿调换排列，其中靠角梁的第一个椽头固定为青色。苏式椽头可用工整的图案，也可用变化简单的花卉。苏式老檐椽头几乎均为青底色，为胶色颜料，不涂油漆，故无光泽（同大木）。

（1）龙眼椽头：为五层退晕画成，由外至内分别为黑、深蓝（或绿）、三青（或三绿）、白、金。金的外廓有一线黑线。配和玺彩画、各种有金的旋子彩画。苏式彩画不用。

（2）虎眼椽头：多为四层退晕，由外至内分别为深（青或绿）、浅（三青或三绿）、白、黑。与龙眼相比，将最里圈贴金部分改成黑色，最外一层黑色可去掉不画。虎眼也可五层退晕，最外一圈为黑色。均配雅伍墨彩画。

（3）寿字椽头：寿字椽头形式有多种，可用于圆老檐椽头，也可用于方老檐椽头。有沥粉贴金椽头，也有红寿字椽头，一般多为沥粉贴金寿字，配和玺彩画、高等级的苏式彩画，均为青地金字。旋子彩画偶用红寿字，也是青底色。

（4）百花椽头：配苏式大木彩画，在青底色上画各种造型简单的花草，花草多为拆垛做法，个别有作染做法。百花椽头的边框分沥粉贴金与不沥粉贴金两种，前者配贴金的苏式彩画，后者多为黄线加框配黄线苏画。无黑边百花椽头。

（5）福寿椽头：即上面画蝙蝠，下边画两个小桃的椽头，蝙蝠为红色。白线勾勒轮廓小桃分叉加小叶。另外还有福庆椽头，福同蝠，庆为磬，蝠在上，磬在下。

关于飞檐椽头与老檐椽头在贴金方面的配合做法为：如果飞檐椽头贴金，老檐头也必须贴金，只是用金量的多少不同。有只在边框贴金的和整个图案包括边框均贴金的，如飞檐椽头画片金万字，则老檐椽头或画片金寿字，或画金边百花图。

2. 望板、椽肚彩画

望板、椽肚在一般的建筑上不进行彩画，只按油漆做法涂以红帮绿底，如果做彩画，只用于高等级的建筑，并且配和玺大木彩画。椽望做彩画一般分两种情况：在椽肚与望板上均做彩画；只在椽肚部分做彩画，望板部分仍涂红油漆。

做法为：

（1）椽望图案需工整、清楚、疏密适当，一般多为西番莲草图案。

（2）图案必须沥粉贴金，为片金西番莲草。

（3）图案是画在绿椽肚和红望板的下部，椽根部分不画。

（4）靠椽头的端部加小箍头，色彩与椽头调换（青绿调换），如飞檐椽头为绿色，则箍头为青色；老檐椽头为青色，则箍头为绿色；如加双箍头，则青绿两色互相调用，箍头内需加白粉线。箍头线沥粉贴金。

（5）望板图案为片金流云，与红色油漆底色相配。如果望板做彩画，即画沥粉贴金流云，则椽肚必须彩画。而椽肚进行彩画，则望板可不必进行彩画，视情况不同而定，考虑时以椽肚为主。

3. 角梁彩画

老角梁与仔角梁均进行彩画装饰，其中仔角梁又分有无兽头两种，彩画分别处理。

1）色彩：角梁部分从总体效果看均为绿色，其中仔角梁前如加有兽头，则底面为青色有退晕花纹，为龙肚子纹，称"肚弦"。其他各处（大面）均为绿色，包括老角梁两侧面与底面。仔角梁两侧面与底面（不加兽头的三岔头做法）也是绿色。

2）线条：在角梁的边楞部位加有线条，线条随构件形状起伏，画在每面的边沿处，同时中间也画有较宽的线，称老线。各边楞线有不同色彩，有金线、黄线、墨线。边楞内侧有白线、三绿晕色线带等。其中，白线与绿色是各类角梁不变的运用做法，不同效果的边线与老线则根据等级而定。

3）肚弦画在兽头后，仔角梁底面为分片（段）的连续图样。根据构件长短片数不等，有九、七、五片不等，但均为单数，前片压后片，不得反向运用。

4）油漆部位：在仔角梁、老角梁的侧面，与角梁椽位相齐平的部位刷油漆，尺寸不得超过翼角翘飞椽的长度，高为红椽帮的高，即0.6倍椽高，油漆色彩同椽帮色。

5）角梁等级：角梁因用金与退晕层次不同而形成不同效果，分别配相应格调、程度的大木彩画。其中有如下等级：

（1）金边、金老、退晕角梁：角梁边楞线沥粉贴金，靠金线为大粉（粗白线），靠白线为三绿晕色，中部老线沥粉贴金，其余为绿色。配和玺、金线大点金、金线苏画等级以上的大木彩画。

（2）黄边、黑笔、退晕角梁：边楞为黄线，另加白线与晕色。各面中部为黑老。其他同金边角梁，主要配黄线苏画，一般无肚弦。

（3）墨线角梁：角梁边楞线为墨线，无晕色，加黑老。分有无肚弦两种，如有肚弦，肚弦的各片轮廓线为黑色，各片退晕，每片层次为白、三青、青、黑（轮廓线）。

霸王拳、小穿插枋头、角梁云、挑尖梁头的等级、线条及色彩做法同角梁。

4. 宝瓶彩画

宝瓶分金宝瓶与红宝瓶两种，金宝瓶不分图案内外，满沥粉贴金，为混金效果，配和玺彩画与金线大点金以上等级的彩画；红宝瓶为章丹色，勾墨线切活图案，配墨线大点金以及墨线大点金等级以下的旋子彩画及黄线苏画。

宝瓶的图案根据其造型设计，两端为"八达马"和"连珠"图案，中间圆肚为西番莲等图案。

配合苏式彩画的宝瓶做法比较灵活，金线苏画宝瓶可不贴金只做"切活"，但图案应相对精美别致，以防降低彩画档次。

任务五　斗栱、灶火门彩画分类、等级及做法

清代斗栱趋于短小细密，不像宋代斗栱那样硕大，可在上面进行多种形式的构图，所以清代斗栱彩画只能随其构件的自身轮廓作填色勾边处理，突出其自身的形状，同时起到美观的作用，所以只有等级高低之分，没有格式的构图变化。斗栱是彩画配套装饰的必然部位，在整个建筑中所占相对密度也较大。灶火门即垫栱板，彩画工艺因其特点而得名，其形式除与斗栱有密切联系外，也与大木彩画等级内容关系密切。

1. 色彩排列做法

清式斗栱以青绿为主，运用于斗栱的各个构件之上，包括正心枋与各拽架枋，还包括挑檐枋。斗栱中间某些细小部位配以红油漆，以突出其造型。其色彩排列做法为（二维码13-1）：

二维码13-1　斗栱彩画用色

（1）一座建筑物的斗栱，以间为单位进行色彩排列，各间包括柱头科本身，以柱头科(或角科)大坐斗为准，固定为青色。各坐斗依次向明间中间青、绿、青、绿互相调换至中部，根据斗栱数量，一般为对称的两个色彩相同的坐斗。有时一间斗栱为单数，则中部为一个坐中坐斗，这样青、绿、青、绿，可从柱头向另一个柱头一直排过去。

（2）每攒斗栱包括青、绿、红三个基本色彩，青相色彩根据坐斗而定。凡坐斗为青色，则该攒斗栱所有斗形构件，包括十八斗、三才升等均为青色。其他构件包括各层拱、翘、昂等均为绿色。如大坐斗为绿色，则凡上青色部位均改成绿色，绿色部位均改成青色。

（3）红色固定涂在斗栱的两个部位：第一，拱眼部位，即正心拱眼与"翘"的拱眼部位，在彩画中称"荷包"。第二，透空拱眼的下部，即各拱件的上坡楞处，彩画称"眼边"。各红色部位均为红油漆作。

（4）由于挑檐枋为青色，所以由外至内，各层拽枋立面分别为绿、青、绿依次排列至正心。各层枋子底部不论立面色是青还是绿，一律为绿色。

（5）灶火门固定为红色，涂红油漆，大边为绿色。随斗栱色。

2. 斗栱分级做法

在色彩固定的前提下，由于用金多少、用金方式、退晕层次的不同，斗栱可分为混金斗栱、金琢墨斗栱、金线斗栱（又名平金斗栱）与墨线斗栱四个等级（二维码13-2）。

二维码13-2　斗栱等级分类

（1）混金斗栱

斗栱的所有构件满贴金，无青、绿、红等色彩，集辉煌与高雅于一身，多用于室内的藻井部位。与之相配的大木也多为混金做法。

（2）金琢墨斗栱

这是最华丽的做法之一。在构件各面，沿各构件的外轮廓（不包括某些构件本身的折线，如瓜栱、万栱侧面的分瓣线，升头的腰线等，下同）沥粉贴金，并按青绿色彩分别退晕，齐白粉线（靠金），青绿色彩的中部画黑墨线（黑老），这种斗栱工艺较繁琐，操作困难，现很少应用，仅配高等级的龙凤和玺彩画与金琢墨石碾玉彩画，普通和玺彩画与旋子、苏式彩画均不用。

（3）平金斗栱

不沥粉、不加晕，其他同金琢墨斗栱，即只沿各构件外轮廓贴金线，其线的宽度（以8cm口份为例）一般在1cm左右，靠金线为白线，宽基本同金线，各构件青绿色彩中间画约0.3cm的细黑线（压黑老）。这种斗栱运用很广，各种和玺彩画、金线大点金等级以上的旋子彩画、金线苏画多配此种斗栱。

（4）墨线斗栱

用墨勾边称墨线斗栱，靠墨线画白线，各青绿色中间画细墨线（压黑老），多与墨线大点金、墨线小点金、雅伍墨旋子彩画相配。

（5）黄线斗栱

等级同墨线斗栱，只是将黑轮廓线改成黄色轮廓线，不贴金。其他同墨线斗栱，这种斗栱也配各种无金的大木彩画。苏式彩画多用黄线斗栱而少用墨线斗栱。

3. 灶火门（垫栱板）彩画

位于斗栱之间的灶火门由于"体量较大"，是一个可以构图的部位，所以格式多样，同时有等级高低之分，是体现建筑物彩画等级的另一个侧面。

1）三宝珠、火焰、灶火门

这是最常用的灶火门式样，三个宝珠呈"品"字排列，退晕，三宝珠的外围部分即火焰部分沥粉贴金，垫板的底色为红油漆。三个宝珠退晕做法为：每个宝珠深浅白三层色彩退晕，三个宝珠青绿两色互相调换，上面的一个为青色，则下面的两个为绿色，其中每间正中间灶火门的三宝珠上面的一个固定为青色。也可以按通面宽方向统一考虑进行青绿色彩调换。另外，尚有在三个宝珠上面的白色内加沥粉贴金"金光"的做法，为高级的表现方式。大边为绿色，沥粉贴金，退晕做法。三宝珠灶火门也有低等简单的表现方式，即不沥粉贴金，包括大边，将金火焰改为黄火焰，但大边有退晕，按大木退晕方式而定。

2）龙、凤灶火门

根据彩画的内容分为：

（1）各灶火门内均为金团龙（图13-42）；

（2）各灶火门内画龙或凤，龙凤互相间隔排列；

（3）各灶火门内均为金凤（图13-43），分别配用于金龙和玺彩画、龙凤和玺彩画与金凤和玺彩画。

其特点为：龙凤图案沥粉贴金，外围无火焰，红色油漆垫栱板，大边绿色，沥粉贴金退晕。

3）夔龙、夔凤灶火门

夔龙、夔凤灶火门表现方式同龙、凤灶火门，只是龙、凤的式样有所变化，图案简单，适用小体量的灶火门，同样配用和玺大木彩画。

4）梵文灶火门

梵文灶火门内的三宝珠、龙、凤图案改成佛梵字，一般以"六字真言"字形排列，用于高等级的寺庙。表现方式基本同龙凤灶火门，字亦沥粉贴金，红地，大边绿色。沥粉贴金退晕。

5）素灶火门

素灶火门为红油漆作，上面没有任何图案，但大边涂绿色，一般不退晕，墨线勾轮廓，将红绿两色分开，靠墨线加白粉。配墨线大点金以下等级的彩画（不包括金线小点金）。

垫栱板的大边随斗栱形退晕，但三角形的底边不画，红油漆一直涂至平板枋，因其平板枋遮挡灶火门底部，故可省略不画。

任务六 雀替、花活彩画分类、等级及做法

雀替、花活与大木彩画有密切的联系，又都是在立体的雕刻花纹上彩画，效果更为华美，立体感突出。

1. 雀替

雀替分为承托雀替的翘升、雀替大边、池子、大草和底面几部分，在彩画中分别予以不同处理。其色彩做法为：雀替的升固定为青色，出翘固定为绿色，荷包固定为红色，其弧形的底面各段分别由青绿两色间差调换，其靠近小升的一段固定为绿色，各段长度逐渐加大，靠小升的部分如其中两段过短可将其合为一色。雀替的池子和大草下部均有山石，山石固定为青色。大草由青、绿、香、紫、红几色选用，可用两色组合，也可用五色组合，按设计而定，池子灵芝草固定为香色或青色。雀替雕刻花纹的底部落平部分固定为红色，由油漆作。大边按等级不同分为金大边与黄大边两种，个别低等级、小体量的雀替也有墨大边的设计。各等级做法如下。

1）金琢墨雀替

雀替大边贴金，不沥粉。池子和大草由青、绿、香、紫四色或加红五色

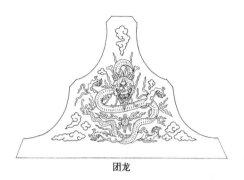

团龙

团凤

图 13-42　金团龙（左）
图 13-43　金凤（右）

间差调换运用，雕刻花纹的轮廓加沥粉贴金，各色退晕。草以青绿两色为主，香色与紫色为辅，红色尽量少用。翘升部分和大边底面各段均沥粉贴金。青绿分别退晕，翘升部分侧面在中间可画金老或画墨线压老。底面各段中间沥粉贴金压老。这种雀替等级高，效果华丽，配用各种和玺彩画和金琢墨石碾玉以及金琢墨苏画。

2）金大边攒退活雀替

大边平贴金，翘升及大边底面各段均为金琢墨做法，沥粉贴金退晕，底面各段金老。大草部分由青、绿、紫、香四色配齐，方法同金琢墨，但不沥粉贴金，每色退晕，为攒退活做法。此雀替运用范围较广，金线大点金、烟琢墨石碾玉、金线苏画均可配用这种雀替，体量小的金琢墨雀替也可改用这种做法。

3）金大边纠粉雀替

这是最常见的一种雀替，用途很广，大边满贴平金。立面卷草图案青绿两色组合，偶加香色、紫色，纠粉做法。翘升及雀替底面各段做法有三：

（1）沥粉贴金退晕，同金琢墨做法；

（2）沥粉贴金，但无晕色，只靠金线部分齐白粉线；

（3）不沥粉贴金也不加晕色，墨线勾边黑老。

其中第二种最常用，视体量大小而定，可配金线苏画，体量小的金线大点金彩画。第三种多配有金的墨线旋子彩画，如墨线大点金、墨线小点金等。

4）黄大边纠粉雀替

雀替大边为黄色，立面卷草雕刻由青绿两色组合配换，纠粉做法，色彩单调，层次简单。翘升雀替底面为墨线或黄线勾边，不退晕，只加白粉线，黑老。配各种不贴金的彩画，如雅伍墨、黄线苏画。大边为墨线，等级与此同，但墨大边颇显压抑，故较少用。

总之，雀替的装饰方法是从属于大木彩画的，根据大木彩画的等级、用金情况确定雀替的做法。其中，大木彩画大线的退晕层次决定雀替翘升及底面各段的退晕方式。另外，根据雀替雕刻内容的不同，可对不同图案进行灵活处理。如有云龙雀替，其大边按上述做法进行，云龙浮雕可满贴金，也可将其个别部位贴金，因为这种雀替的大木彩画和建筑等级较高，实例中多满贴金。混金做法，雀替底面各段的处理方法也可灵活运用，如将青绿色彩分段的方式改成满涂成一色，一般为紫色，也可满贴金同大边，由设计按结构特征和彩画等级确定。

2. 花活及卷草花纹

花活彩画主要指运用在两个枋子之间的花板部分的装饰，以及牙子、楣子、垂头，后者多见于垂花门和小式游廊建筑。

1）花板

花板彩画包括池子线内外两部分，线外部称大边，雕刻花纹均在池子线内部。花板常用两种做法，两种做法的雕刻部位、表现方式均有关联。

一种为，大边部分为红大边，由油漆涂成，池子线贴金，心内的雕刻以贴金为主或以青绿换色，花纹的侧面涂红油漆，这种花板的内容多以龙凤为主。另一种为，花板雕刻一般的花草纹样，多见于垂花门。

垂花门上做苏式彩画，如果为金线以上等级的苏画则池线也贴金，若黄线苏画池子线为黄色，里面的花纹本不贴金，有时只局部点金，用染纠粉法画花与枝叶，如红花、绿叶、梗赭石。大边部分青绿两色互换，以正中间的花板大边为准，固定为青色，两侧花板大边由绿青调换运用，靠池子线侧加晕色，齐画白粉线。池子心内的雕刻花纹侧面以章丹色为多。

2）牙子

牙子见于苏式彩画吊挂楣子下面，按苏画规制作相应处理，其中牙子大边是否贴金，以彩画是否有金为依据，金线苏画则牙子为金大边，黄线苏画则为黄大边。竹叶梅等雕刻纹样，侧面也涂章丹色，正面按类使色，梅花为粉红色，竹叶涂绿色，梗赭石色，均加染以增加立体效果。

3）楣子

吊挂楣子彩画大多由青、绿、红三色组成，步步锦楣子以正中间一组的大楞条为准，固定为青色，短小楞条为绿色，两侧的楞条由青绿色彩交替运用，与正中的相反，正中青条在两侧则为绿条，反之绿条为青条。各楞条的中间均画一条明显的白线，老式工艺中有将白线画在楞条两边楞位置的例子，为另一种效果，较费时，现不多用。各楞条侧面均涂章丹色。

4）垂头

垂头有方圆两种，圆垂头为倒莲形，又称风摆柳，多瓣雕刻，瓣数应为四的倍数，各瓣的色彩以青、香、绿、紫为序绕垂头排列，各色加晕，是否贴金按苏画是否有金而定。其莲瓣的束腰连珠部分可满贴金。方垂头又称"鬼脸"，四面雕刻花纹做法同牙子，大边贴金按大木彩画而定，即如果彩画为金线苏画或点金彩画，则鬼脸大边贴金。

3. 门簪彩画

门簪彩画有大小式和平素与雕饰之分，大式门簪端面应为红色，小式应为青色。门簪雕刻有寿字和其他纹饰，其中贴金者最为华贵。

任务七　天花彩画分类、等级及做法

1. 天花彩画部位名称（图13-44）及色彩

天花是建筑物的主要装饰项目和彩面部位。天花彩画分殿式与苏式两类，也有软式（即天花彩画做在高丽纸上）与硬式（即天花彩画做在裁好尺寸，并已做好地仗的天花板上）之分。殿式天花彩画内容比较固定，一般画龙与凤和较有做法的图案。苏式天花彩画内容丰富，圆鼓子的内容安排较灵活。同样内容图案的天花彩画，由于用金部位的不同和退晕层次的变化，可分为若干等级。

彩画工艺的"天花"包括天花板与支条两部分，做法统一考虑确定。天花板体量相对较大，可绘制各种各样的图案，但基本格式基本固定不变。其格式为天花板由外至内分别由大边、岔角、鼓子心三部分组成。划分这三部分的两层线分别为方鼓子线与圆鼓子线，方鼓子线内的部分也可称方光，圆鼓子线内也可称圆光。天花板靠外轮廓没有线条。

（1）天花板的色彩由外至内分别为砂绿（大边）、绿（岔角）、青（圆鼓子心）。

（2）大边部分不画图案，岔角部分图样有多种，视用场不同而定，如莲草、宝杵、云等，最常用的为云，称"岔角云"。岔角云分别为红、黄、青、紫（或绿）组合而构成，四色配齐。

（3）圆光（图13-45～图13-48）内是天花板画题的主要表达部位，内容、图案式样非常丰富，也视用场而定，一般多画龙、凤、仙鹤、云、草、寿字等内容。天花板的方圆鼓子线有金线、黄线与紫线之分。

（4）支条的十字相交处中心部位常有一圆形图样，称轱辘。轱辘的四边常配云形图案，称燕尾。两部分也可统称燕尾，轱辘与燕尾部分也有其他内容的图案。云形图案色彩无紫色，其他同岔角云。

天花也分殿式与苏式两类，殿式天花内容比较固定，常画龙、凤和较高

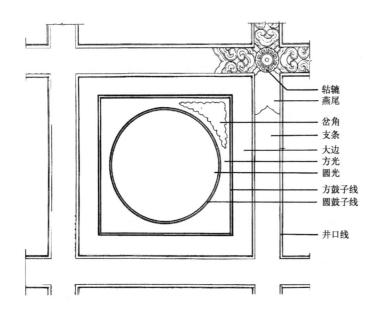

图13-44　天花部位名称

轱辘
燕尾

岔角
支条

大边
方光
圆光

方鼓子线
圆鼓子线

井口线

图 13-45 升龙降凤
天花心（左）
图 13-46 双夔凤天
花心牡丹岔角（右）

图 13-47 双夔龙戏
珠寿字天花心（左）
图 13-48 片金西番
莲天花心（右）

做法的图案；苏式内容丰富，圆鼓子心内构图灵活，常由设计人决定。同样内容图案的天花，由于用金不同和退晕层次的变化可分成若干等级，加之鼓子心里内容的变化，使天花式样层出不穷。

2. 天花形式分类

1）金琢墨岔角云片金鼓子心天花

这是指一个规格类型的天花，鼓子心内包括不同的内容，特点为：天花板的方圆鼓子线沥粉贴金，岔角云沥粉贴金退晕，为金琢墨做法，鼓子心内的图案沥粉贴片金。这是一种高等级的做法，常配用绘有和玺彩画和金琢墨石碾玉旋子彩画的殿式建筑。按鼓子心内的内容不同又可分为：

（1）团龙鼓子心：即青色的鼓子心内画一条坐龙，龙沥粉贴金。

（2）龙凤鼓子心：即青色的鼓子心内画一条龙与一只凤，一般多为升龙降凤，龙凤均沥粉贴金。

（3）双龙鼓子心：鼓子心画升降龙，加宝珠，均沥粉贴金。

（4）片金西番莲鼓子心：画西番莲花。图案格式工整均匀，花在正中，四周绕草，均沥粉贴金。

2）烟琢墨岔角云片金鼓子心天花

这是最常用的天花之一，与金琢墨岔角天花的主要区别在于岔角部分，鼓子心内容同金琢墨岔角云天花，也常画团龙、龙凤、双龙、西番莲等图案。特征为：方圆鼓子线沥粉贴金，岔角云为烟琢墨做法，用墨代替金琢墨岔角的沥粉部分，墨线之内退晕，同金琢墨岔角云沥粉贴金之内部分，岔角云不沥粉贴金，但鼓子心内的各种图案沥粉贴金。各种殿式建筑及画各种和玺彩画、金线大点金、烟琢墨石碾玉彩面可配这种天花。

3）金琢墨岔角云作染鼓子心天花

总体色彩同金琢墨岔角云，也是砂绿大边，二绿岔角。鼓子心、岔角云青、红、黄、紫四色组合的金琢墨做法，方圆鼓子线均沥粉贴金。不同之处在于鼓子心的内容和做法。作染鼓子心的内容主要指花卉、四季花，花及叶均作染开瓣勾边。这种天花运用较普遍，高等级的苏式彩画（如金琢墨苏式彩画）也用这种天花。

4）烟琢墨岔角云作染鼓子心天花

这是最常用的一种天花，其特点除岔角云为烟琢墨做法外，其余均同"金琢墨岔角云作染鼓子心天花"，烟琢墨岔角之做法同"烟琢墨岔角之片金鼓子心天花"的岔角云部分。各种金线苏画多配这种天花，多用于游廊或亭子等园林建筑上。

5）支条

支条除大段的绿色外，燕尾（图13-49）部分由红、黄、青三色组成，其中燕尾形状为一整两破云形图样，整云为红色，两个1/2云为黄色。整破云的外侧为青色与支条大边相接，圆轱辘心为青色，支条的等级由三部分体现：

（1）轱辘是否贴金；

（2）燕尾是否贴金；

（3）井口线是否贴金。

可分别形成金琢墨金轱辘燕尾、烟琢墨金轱辘燕尾、烟琢墨色轱辘燕尾，其中轱辘为首要贴金部位，支条线（井口线）是否贴金取决于天花板的方圆鼓子线，即如果方圆鼓子线贴金则支条井口线也贴金，同时轱辘心也需贴金。燕尾为金琢墨或烟琢墨做法按天花岔角定，只在个别情况下不同。另外，支条的燕尾部分尚有其他图样，也与天花内容相配。如天花画"六字真言花纹"，则

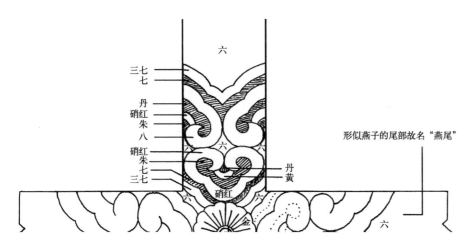

图13-49 燕尾

燕尾可画宝杵等图样，但支条仍为绿色。个别场合苏式彩画中支条的色彩也有红的，上面满画图案。总之，天花与支条是非常富于变化的，既有等级的变化，也有内容的变化，但都与大木彩画一致，同时天花板与支条风格也应相同。

彩画是一种装饰艺术，它不是机械的配合，而是与人们的风俗习惯、审美观点有密切的联系。虽然做法是为约束和促进施工而定，也正因为如此，在一定的小范围内也必然会出现不同的做法，所以本书所叙述的仅是清式彩画相传沿用至今的基本做法，另外由于彩画是装饰艺术，由于时期、地区、传承的不同，它具有极强的灵活性和特殊性。

项目十四　各种类各级别建筑中各部分构件上彩画的基本做法组合

任务一　和玺彩画

1. 金龙和玺彩画的基本做法

（1）大木彩画按分三停做法构图，设箍头、找头、枋心。凡枋心、岔口线、皮条线、圭线光等造型均采用折形斜线。

（2）梁枋大木的枋心、盒子及平板枋等部位的细部主题纹饰，相应地绘制各种龙纹，并沥粉贴金。

（3）彩画主体框架大线（包括斗栱、角梁等部位造型的轮廓线）一律为片金做法（斗栱多为不沥粉的平金做法）。

（4）平板枋做龙纹：龙的个数按建筑总体的面宽而定，由平板枋的两端向明间中线部位对跑。除龙图案在明间中线部位左右对称外，每边龙的个数也成对，并沥粉贴金。

（5）压斗枋：为片金流云或片金工王云等。

（6）灶火门：灶火门做龙，和玺彩画的灶火门多为沥粉贴金的图案。

（7）由额垫板做龙纹：各间分别构图，做龙纹并左右对称。沥粉贴金。

（8）由额垫板做轱辘阴阳草（图14—1）：谱子需起两条（两段），靠箍头一侧的草为阴草，两阴草之间为阳草，阴阳草互相间隔。

（9）椽头：飞檐椽头做片金万字，老檐椽头做龙眼椽头或片金寿字。

（10）角梁：金边、金老、退晕角梁。

（11）宝瓶：满沥粉贴金。

（12）斗栱：平金斗栱。

（13）雀替：金琢墨雀替（图14—2）。

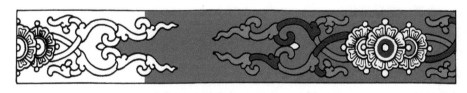

图 14-1　轱辘阴阳草

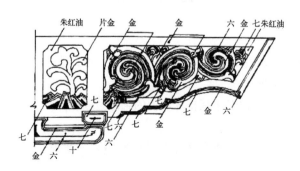

图 14-2　金琢墨雀替

（14）天花：金琢墨岔角云、片金鼓子心天花；烟琢墨岔角云、片金鼓子心天花。

2．龙凤和玺彩画的基本做法

（1）大木彩画按分三停做法构图，设箍头（大开间加画盒子），找头、枋心。凡枋心、岔口线、皮条线、圭线光等造型均采用折形斜线。

（2）根据色彩确定各部位的纹饰，一般蓝色部位做龙，绿色部位做凤。盒子的龙凤安排也同样，在同一间构件中，大额枋心画龙，则小额枋画凤。

（3）龙凤和玺的另一种做法：是不考虑色彩的变化，只按间按部位定龙凤的安排，即在一间的各枋心中，青绿色均画龙，找头均画凤，盒子也画龙。由于找头的龙凤有升降之分，故升龙升凤均画在蓝色找头内。降龙、降凤均画在绿色找头内。相邻的另一间则改变前一间相同部位的纹饰，即明间各额枋的枋心画龙，次间各额枋的枋心画凤。找头、盒子的运用与上述运用方式相同。

（4）龙凤和玺个别部位不对称的做法：在同一枋心内，既画龙又画凤，龙画在左侧，凤面在右侧。其他部位如找头、盒子则按上述（2）～（3）条的方式安排。

（5）彩画主体框架大线（包括斗栱、角梁等部位造型的轮廓线）一律为片金做法（斗栱多为不沥粉的平金做法）。

（6）平板枋做龙凤纹，为一龙一凤的间隔排列，它是按建筑平板枋总体的面宽而定。由平板枋的两端向明间中线部位对跑和对飞。除龙凤图案在明间中线部位左右对称外，每边龙凤的个数也成双成对。龙在前，凤在后。

（7）由额垫板做龙凤纹：各间分别构图，做龙凤纹并间隔排列且左右对称。

（8）由额垫板如做轱辘阴阳草：谱子需起两条（两段），靠箍头一侧的草为阴草，两阴草之间为阳草，阴阳草互相间隔。

（9）压斗枋的做法：为片金流云或片金工王云等。

（10）灶火门做龙凤，沥粉贴金；灶火门做三宝珠，为金琢墨做法。

（11）椽头：飞檐椽头做片金万字，老檐椽头做龙眼椽头或片金寿字。

（12）角梁：金边、金老、退晕角梁。

（13）宝瓶：满沥粉贴金。

（14）斗栱：平金斗栱。

（15）雀替：金琢墨雀替

（16）天花：金琢墨岔角云、片金鼓子心天花；烟琢墨岔角云、片金鼓子心天花。

3．金凤和玺彩画的基本做法

（1）大木彩画按分三停规则构图，设箍头、找头、枋心。凡是枋心、岔口线、皮条线、圭线光等造型，均采用折形斜线。

（2）梁枋大木的枋心、找头心、盒子心以及平板枋等部位的细部主题纹饰，相应地以绘制各式凤纹为特征。

（3）彩画主体框架大线（包括斗栱、角梁等部位造型的轮廓线）一律为片金做法（斗栱多为不沥粉的平金做法）。

（4）压斗枋的做法：为片金流云或片金工王云等。

（5）灶火门的做法：和玺彩画的灶火门多为片金的图案。

（6）灶火门三宝珠：金琢墨做法。

（7）由额垫板做凤纹：各间分别构图，做凤纹并左右对称。

（8）由额垫板做轱辘阴阳草：谱子需起两条（两段），靠箍头一侧的草为阴草，两阴草之间为阳草，阴阳草互相间隔。

（9）椽头：飞檐椽头做片金万字，老檐椽头做龙眼椽头或片金寿字。

（10）角梁：金边、金老、退晕角梁。

（11）宝瓶：满沥粉贴金、章丹宝瓶。

（12）斗栱：平金斗栱。

（13）雀替：金琢墨雀替。

（14）天花：金琢墨岔角云、片金鼓子心天花；烟琢墨岔角云、片金鼓子心天花。

4. 龙凤枋心、西番莲找头和玺彩画的基本做法

（1）大木彩画按分三停做法构图，设箍头（大开间加画盒子）、找头、枋心。凡枋心、岔口线、皮条线、圭线光等造型均采用折形斜线。彩画主体框架大线（包括斗栱、角梁等部位造型的轮廓线）一律为片金做法（斗栱多为不沥粉的平金做法）。

（2）梁枋大木的枋心，盒子及平板枋等部位的细部主题纹饰以绘制各式龙凤纹为特征。

（3）梁枋大木的找头心分别绘以西番莲和灵芝图案。

（4）根据色彩确定各部位的纹饰，一般蓝色部位做龙，绿色部位做凤。盒子的龙凤也同样安排，在同一间构件中，大额枋画龙，则小额枋画凤。

（5）龙凤和玺个别部位不对称的做法：即在同一枋心内，既画龙又画凤，龙画在左侧，凤画在右侧。其他部位如找头、盒子则按上述（2）～（3）条的方式安排。

（6）平板枋做龙凤纹：为一龙一凤的间隔排列，按建筑总体的面宽而定，由平板枋的两端向明间中线部位对跑和对飞。除龙凤图案存明间中线部位左右对称外，每边龙凤的个数也成双成对。龙纹在前，凤纹在后。

（7）平板枋做工王云：为片金一工纹和片金一王纹作间隔排列。

（8）由额垫板做龙凤纹：各间分别构图，做龙凤纹并间隔排列且左右对称。

（9）由额垫板做轱辘阴阳草：谱子需起两条（两段），靠箍头一侧的草为阴草，两阴草之间为阳草，阴阳草互相间隔。

（10）压斗枋的做法：为片金流云或片金工王云。

（11）灶火门做龙凤纹；灶火门做三宝珠。

（12）椽头：飞檐椽头做片金万字，老檐椽头做龙眼椽头或片金寿字。

（13）角梁：金边、金老、退晕角梁。

（14）宝瓶：满沥粉贴金、章丹宝瓶。

（15）斗栱：平金斗栱。

（16）雀替：金琢墨雀替。

（17）天花：金琢墨岔角云、片金鼓子心天花；烟琢墨岔角云、片金鼓子心天花。

5. 龙梵和玺彩画的基本做法

（1）大木彩画按分三停规矩构图，设箍头（大开间加画盒子）、找头与枋心。凡枋心、岔口线、皮条线、圭线光等造型均采用折形斜线。彩画主体框架大线（包括斗栱、角梁等部位造型的轮廓线）一律为片金做法（斗栱多为不沥粉的平金做法）。

（2）梁枋大木的枋心，盒子及平板枋等部位的细部主题纹饰，相应地绘制龙纹。

（3）梁枋大木的找头心分别绘以西番莲草等图案。

（4）根据色彩确定各部位的纹饰，一般蓝色枋心做龙，绿色部位做梵纹。盒子做团龙纹。

（5）平板枋做梵纹或做金莲献寿图案并沥粉贴金做攒退，并按顺序安排。其均是按建筑总体的面宽而定。

（6）由额垫板做龙纹或梵纹，或做法器等图案。并各间分别构图。

（7）由额垫板做轱辘阴阳草：谱子需起两条（两段），靠箍头一侧的草为阴草，两阴草之间为阳草，阴阳草互相间隔。

（8）压斗枋的做法为片金流云或片金工王云或梵纹等。

（9）灶火门龙纹的做法多为片金的图案；灶火门做三宝珠；每个灶火门均做一梵纹并沥粉贴金。

（10）椽头：飞檐椽头做片金万字，老檐椽头做龙眼椽头或片金寿字。

（11）角梁：金边、金老、退晕角梁。

（12）宝瓶：满沥粉贴金。

（13）斗栱：平金斗栱。

（14）雀替：金琢墨雀替。

（15）天花：金琢墨岔角云、片金鼓子心天花；烟琢墨岔角云、片金鼓子心天花。

6. 龙草和玺彩画的基本做法

（1）大木彩画按分三停做法构图，设箍头（大开间加画盒子）、找头、枋心。凡枋心、岔口线、皮条线、圭线光等造型均采用折形斜线。彩画主体框架大线（包括斗栱、角梁等部位造型的轮廓线）一律为片金做法（斗栱多为不沥粉的平金做法）。

（2）梁枋大木的枋心，盒子及平板枋等部位的细部主题纹饰，相应绘制龙纹。

（3）梁枋大木的找头分别绘以轱辘草图案。

（4）根据色彩确定各部位的纹饰，一般蓝绿色枋心均做龙纹。盒子做团龙纹。

（5）平板枋做龙纹：纹样沥粉贴金并按顺序排列，它是按建筑总体的面宽而定的。

（6）由额垫板做龙纹，各间分别构图。

（7）由额垫板做轱辘阴阳草：谱子需起两条（两段），靠箍头一侧的草为阴草，两阴草之间为阳草，阴阳草互相间隔。

（8）压斗枋的做法：为片金流云或片金工王云等。

（9）灶火门龙纹的做法多为片金的图案或三宝珠沥粉贴金，攒退活。

（10）椽头：飞檐椽头做片金万字，老檐椽头做龙眼椽头或片金寿字。

（11）角梁：金边、金老、退晕角梁。

（12）宝瓶：满沥粉贴金、章丹宝瓶。

（13）斗栱：平金斗栱。

（14）雀替：金琢墨雀替。

（15）天花：金琢墨岔角云、片金鼓子心天花；烟琢墨岔角云、片金鼓子心天花。

任务二　旋子彩画

1.金琢墨石碾玉旋子彩画的基本做法

（1）大木彩画按分三停做法构图，设箍头（大开间加画盒子）、找头、枋心。

（2）旋子彩画的五大线沥粉贴金，即枋心线、箍头线、皮条线、岔口线与盒子线均贴金并拉晕。

（3）梁枋大木的枋心，相应地绘制龙纹和宋锦图案。

（4）梁枋大木的找头、柱头绘以旋子图案。盒子绘青色地坐龙，绿地绘西番莲等图案。

（5）根据色彩确定各部位的纹饰，一般蓝色枋心均做龙纹，绿色枋心做宋锦。

（6）平板枋做降魔云：降魔云大线沥粉贴金并按顺序排列，它是按建筑总体的面宽而定。

（7）由额垫板做轱辘阴阳草：谱子需起两条（两段），靠箍头一侧的草为阴草，两阴草之间为阳草，阴阳草互相间隔。

（8）压斗枋做青地素枋。

（9）灶火门做三宝珠，沥粉贴金，攒退活。

（10）椽头：飞檐椽头做片金万字，老檐椽头做龙眼椽头。

（11）角梁：金边、金老、退晕角梁。

（12）宝瓶：满沥粉贴金。

（13）斗栱：平金斗栱。

（14）雀替：金琢墨雀替。

（15）天花：金琢墨岔角云、片金鼓子心天花；烟琢墨岔角云、片金鼓子心天花。

2.烟琢墨石碾玉旋子彩画的基本做法

（1）大木彩画按分三停做法构图，设箍头（大开间加画盒子）、找头与枋心。

（2）梁枋大木的枋心，相应地绘制龙纹和宋锦图案。

（3）梁枋大木的找头部位为，旋子花各圆及各路瓣用墨线画成，一路瓣、二路瓣、三路瓣及栀花长瓣均同时加晕，但不贴金，只在旋眼、栀花心、菱角地、宝剑头等处贴金。

（4）旋子彩画的五大线沥粉贴金，即枋心线、箍头线、皮条线、岔口线与盒子线均贴金并拉晕。

（5）梁枋大木的盒子，如做素盒子则做整盒子与破盒子，同时加晕。如做圆形活盒子则青地做龙纹，绿地做西番莲等图案。

（6）柱头绘以旋子图案，柱头的箍头为上青下绿。

（7）平板枋做降魔云（图14-3）：降魔云大线沥粉贴金并按顺序排列，它是按建筑总体的面宽而定。

（8）由额垫板做轱辘阴阳草。

（9）压斗枋做青色地素枋。

（10）灶火门做三宝珠，沥粉贴金，攒退活。

（11）椽头：飞檐椽头做沥粉贴金万字，老檐椽头做龙眼椽头。

（12）角梁：金边、金老、退晕角梁。

（13）宝瓶：满沥粉贴金。

（14）斗栱：平金斗栱。

（15）雀替：金琢墨雀替或金大边攒退活雀替。

（16）天花：烟琢墨岔角云、片金鼓子心天花。

3. 金线大点金旋子彩画的基本做法

（1）大木彩画按分三停做法构图，设箍头（大开间加画盒子）、找头、枋心。

（2）梁枋大木的彩画主体框架大线，包括枋心线、箍头线、盒子线、皮条线、岔口线五大线沥粉贴金并拉晕；枋心绘制龙纹和宋锦图案。

（3）梁枋大木的找头部位为：旋花各圆及各路瓣用墨线画，即一路瓣、二路瓣、三路瓣以及栀花长瓣。在旋眼、栀花心、菱角地、宝剑头等处贴金。

（4）梁枋大木的盒子，如做素盒子则为整盒子与破盒子，同时加晕。如做圆形活盒子则青地做龙，绿地做西番莲或青地做龙，白地画瑞兽等图案。

（5）柱头绘以旋子图案，柱头的箍头为上青下绿。

（6）平板枋做降魔云：降魔云大线沥粉贴金拉晕并按顺序排列，它是按建筑总体的面宽而定。

（7）垫板做轱辘草：轱辘草多运用于大式由额垫板。为红地金轱辘与攒退

图14-3　降魔云

图 14-4　小池子半个瓢

草或片金草谱子需起两条（两段），靠箍头一侧的草为阴草，两阴草之间为阳草，阴阳草互相间隔应计算其长度，使阴草数量与阳草相等，阴阳草之间间隔要明显。

（8）垫板做小池子半个瓢（图14-4）：小池子多运用于小式由额垫板，也可运用于大式由额垫板。

（9）压斗枋的做法：为青地拉晕素枋。

（10）灶火门做三宝珠。三宝珠的攒退是以明间灶火门的中线位置为准，其三个宝珠以最上的宝珠为青色攒退，下面两个宝珠为绿色攒退即上青下绿，其他灶火门宝珠的攒退均按间隔式排列。

（11）椽头：飞檐椽头做沥粉贴金万字，老檐椽头做龙眼椽头。

（12）角梁：金边、金老、退晕角梁。

（13）宝瓶：满沥粉贴金。

（14）斗栱：平金斗栱。

（15）雀替：金大边攒退活雀替。

（16）天花：烟琢墨岔角云、片金鼓子心天花。

4．墨线大点金旋子彩画的基本做法

（1）大木彩画按分三停做法构图，设箍头（大开间加画盒子）、找头与枋心。

（2）梁枋大木的枋心，相应地绘制龙纹或轱辘草与宋锦图案。

（3）梁枋大木的找头部位为：旋花各圆及各路瓣用墨线画，即一路瓣、二路瓣、三路瓣以及栀花长瓣。在旋眼、栀花心、菱角地、宝剑头等处贴金。

（4）墨线大点金旋子彩画的五大线，即枋心线、箍头线、皮条线、岔口线与盒子线均用墨线画，并拉晕或不加晕（按设计要求决定）。

（5）梁枋大木的盒子，如做素盒子则为整盒子与破盒子，如做圆形活盒子则青地做龙，绿地做西番莲等图案。

（6）柱头绘以旋花图案，柱头的箍头为上青色与下绿色。

（7）平板枋做降魔云：降魔云大线为墨线。

（8）由额垫板做轱辘阴阳草。

（9）垫板画小池子半个瓢或素垫板，刷红油漆。

（10）压斗枋做青地素枋。

（11）灶火门三宝珠的做法：三宝珠的攒退是以明间灶火门的中线位置为准，其三个宝珠以最上的宝珠为青色攒退，下面两个宝珠为绿色攒退即上青下绿，其他灶火门宝珠的攒退均按间隔式排列。

（12）椽头：飞檐椽头做沥粉贴金万字，老檐椽头做龙眼椽头。

（13）角梁：黄边、金老、退晕角梁。

（14）宝瓶：满沥粉贴金。

（15）斗栱：墨线斗栱。

（16）雀替：金大边攒退活雀替。

（17）天花：烟琢墨岔角云、作染鼓子心天花。

5. 金线小点金旋子彩画的基本做法

（1）大木彩画按分三停做法构图，设箍头（大开间加画盒子）、找头与枋心。

（2）梁枋大木的枋心，相应地绘制龙纹与宋锦图案。

（3）梁枋大木的找头部位的旋花各圆及各路瓣用墨线画，即一路瓣、二路瓣、三路瓣以及栀花长瓣，在旋眼、栀花心处贴金。

（4）金线小点金旋子彩画的五大线，即枋心线、箍头线、皮条线、岔口线与盒子线均沥粉贴金并拉晕。设计要求如不加晕色则直接拉大粉。

（5）梁枋大木的盒子，如做素盒子则为整盒子与破盒子，同时加晕。如不加晕（按设计要求）则直接拉大粉。如做圆形活盒子则青地做片金龙，绿地做片金西番莲等图案。

（6）柱头绘以旋花图案，柱头的箍头为上青下绿。

（7）平板枋做降魔云，降魔云大线沥粉贴金并按顺序排列。

（8）由额垫板做轱辘阴阳草。

（9）压斗枋做金边青地素枋。

（10）灶火门做三宝珠。

（11）椽头：飞檐椽头做沥粉贴金万字，老檐椽头做龙眼椽头。

（12）角梁：黄边、金老、退晕角梁。

（13）宝瓶：满沥粉贴金。

（14）斗栱：墨线斗栱。

（15）雀替：金大边攒退活雀替。

（16）天花：烟琢墨岔角云、作染鼓子心天花。

6. 墨线小点金旋子彩画的基本做法

墨线小点金旋子彩画多运用在小式建筑，其基本做法如下：

（1）大木彩画按分三停做法构图，设箍头（大开间加画盒子）、找头与枋心。

（2）墨线小点金旋子彩画梁枋大木的五大线，即枋心线、箍头线、皮条线、岔口线与盒子线均用墨线画。

（3）梁枋大木的枋心，相应地绘制夔龙纹与西番莲草攒退或黑叶花或一字枋心等图案。

（4）梁枋大木找头的旋花各圆及各路瓣均用墨线画，即一路瓣、二路瓣以及栀花长瓣。在旋眼与栀花心等处贴金。

（5）梁枋大木做素盒子则为整盒子与破盒子，不加晕。

（6）柱头绘以旋花图案，柱头的箍头为绿箍头。

（7）平板枋做降魔云，降魔云墨线并按顺序排列，它是按建筑总体的面宽而定。

（8）压斗枋的做法：为青地素枋。

（9）垫板画小池子半个瓢。

（10）椽头：飞檐椽头做沥粉贴金万字，老檐椽头做龙眼椽头。

（11）角梁：黄边、金老、退晕角梁。

（12）宝瓶：满沥粉贴金。

（13）斗栱：墨线斗栱。

（14）雀替：金大边攒退活雀替。

（15）天花：烟琢墨岔角云、作染鼓子心天花。

7．雅伍墨旋子彩画的基本做法

雅伍墨旋子彩画分大式与小式，雅伍墨旋子彩面多运用在小式建筑，其基本做法如下：

（1）大木彩画按分三停做法构图，设箍头（大开间加画盒子）、找头与枋心。

（2）雅伍墨旋子彩画梁枋大木的五大线，即枋心线、箍头线、皮条线、岔口线与盒子线均用墨线画。

（3）雅伍墨旋子彩画大式的枋心画一统天下或一字枋心与普照乾坤互用，其中蓝枋心为普照乾坤，绿枋心为一统天下。

（4）雅伍墨旋子彩画小式的枋心相应地绘制夔龙和黑叶花，其中蓝枋心为夔龙，二绿色的枋心画黑叶花。

（5）梁枋大木的找头：旋花各圆及各路瓣均用墨线画，即一路瓣、二路瓣以及栀花长瓣。

（6）柱头绘以旋花图案，柱头的箍头为绿色箍头。

（7）平板枋做降魔云：降魔云为墨线并按顺序排列，它是按建筑总体的面宽而定。

（8）平板枋做素地蓝色，边缘加黑白线条，称"满天星"。

（9）雅伍墨旋子彩画大式的由额垫板不画图案，为素红油漆。小式垫板画池子半个瓢，画夔龙和黑叶花。

（10）椽头：飞檐椽头做墨万字，老檐椽头做虎眼椽头。

（11）角梁：黄边、金老、退晕角梁。

（12）宝瓶：红宝瓶。

（13）斗栱：墨线斗栱。

（14）雀替：黄大边攒退活雀替。

（15）天花：烟琢墨岔角云、作染鼓子心天花。

8．雄黄玉旋子彩画的基本做法

雄黄玉旋子彩画多运用在小式建筑，其基本做法如下：

（1）大木彩画按分三停做法构图，设箍头（大开间加画盒子）、找头与枋心。

（2）雄黄玉旋子彩画梁枋大木的五大线，即枋心线、箍头线、皮条线、岔口线与盒子线均用色线画。

（3）梁枋大木的枋心，相应地绘制夔龙纹与西番莲草攒退或黑叶花等图案。

（4）梁枋大木的找头，旋花各圆及各路瓣均用青绿色线画，即一路瓣、二路瓣以及栀花长瓣。

（5）梁枋大木做盒子则加青绿池子。

（6）柱头绘以栀花图案，箍头为雄黄色。

（7）垫板画卡子与夔龙等图案。

（8）椽头：飞檐椽头做墨金万字，老檐椽头做虎眼椽头。

（9）角梁：黄边、金老、退晕角梁。

（10）宝瓶：红宝瓶。

（11）斗栱：墨线斗栱。

（12）雀替：黄大边攒退活雀替。

（13）天花：烟琢墨岔角云、作染鼓子心天花。

任务三　苏式彩画

1. 金琢墨苏式彩画的基本做法

1）大木彩画按设箍头、包袱、卡子等形式构图。

2）额枋的包袱，相应地绘制人物故事、花鸟鱼虫、走兽、风景山水等图案。

3）额枋的找头绘以黑叶子花和聚锦图案。

4）额枋与柱头的箍头心应绘制：

（1）汉瓦箍头。

（2）金琢墨倒里万字或倒里万字箍头。

（3）阴阳万字箍头。

5）枋头绘制博古或洋抹山水图案。彩画主体框架大线，包括斗栱与角梁等部位造型的轮廓线，一律为片金做法（斗栱多为不沥粉的平金做法）。

6）椽头：飞檐椽头做片金万字，老檐椽头做片金寿字椽头。

7）角梁：金边、金老、退晕角梁。

8）宝瓶：满沥粉贴金。

9）雀替：金大边攒退活雀替。

10）天花：金琢墨岔角云、片金鼓子心天花。

2. 金线苏式彩画的基本做法

1）大木彩画按箍头、包袱或枋心、卡子等形式构图。设计要求为掐箍头彩画时，在构件的两端做箍头，两箍头之间不做彩画，而刷铁红漆，此种做法称掐箍头。设计要求为掐箍头搭包袱或搭枋心时，则在掐箍头的基础上，在构件的中间位置做包袱或枋心。其做法同金线苏式彩画，找头不做彩画，刷铁红漆。

2）檩、垫板、额枋的包袱或枋心相应地绘制人物故事、花鸟鱼虫、走兽、风景山水等图案。

3）檩与额枋的找头分别绘以黑叶子花和聚锦图案。

4）檩与垫板、额枋以及柱头的箍头心根据不同要求可绘制：

（1）汉瓦片金箍头。

（2）阴阳万字箍头。

（3）回纹箍头。

5）枪头绘制博古或洋抹山水图案。

6）彩画主体框架大线（包括斗栱与角梁等部位造型的轮廓线）一律为片金做法（如有斗栱，则为不沥粉的平金做法）。

7）椽头：飞檐椽头做片金万字，老檐椽头做片金寿字椽头。

8）角梁：金边、金老、退晕角梁。

9）宝瓶：满沥粉贴金。

10）雀替：金大边攒退活雀替。

11）天花：金琢墨岔角云、片金鼓子心天花。

3．墨线或黄线苏式彩画的基本做法

（1）大木彩画按箍头、包袱、卡子等形式构图。设计要求为掐箍头彩画时，在构件的两端做箍头，两箍头之间不做彩画，刷铁红漆，此种做法称掐箍头。设计要求为掐箍头搭包袱或搭枋心时，在掐箍头的基础上，在构件的中间位置做包袱或枋心。其做法同金线苏式彩画。找头不做彩画，刷铁红漆。此种做法称掐箍头搭包袱（或搭枋心）彩画。

（2）包袱相应地绘制人物故事、花鸟鱼虫、走兽、风景山水等图案。

（3）檩枋、额枋的找头绘以黑叶子花和聚锦图案。

（4）檩枋、垫板、额枋以及柱头的箍头心根据不同要求可绘制阴阳万字箍头和回纹箍头。

（5）枪头绘制博古或枪头花的图案。彩画主体框架大线（包括斗栱、角梁等部位造型的轮廓线）一律为墨线或黄线做法（斗栱多为不沥粉的墨线或黄线做法）。

（6）椽头：飞檐椽头做墨万字或切角万字，老檐椽头做百花椽头。

（7）角梁：金边、金老、退晕角梁。

（8）宝瓶：红宝瓶。

（9）雀替：黄大边攒退活雀替。

（10）天花：烟琢墨岔角云、作染鼓子心天花。

4．海漫苏式彩画的基本做法

（1）大木彩画按素箍头形式构图。

（2）每个构件的两箍头之间通画一个内容，在两箍头之间的大面积部位所画内容依色彩而定。一般檩枋为两种画法相互调换。即青色部位画流云，箍头为绿色。绿色部位画黑叶子花。

（3）大木如加卡子则做色卡子，则为单加粉（是否加卡子则根据设计要求而定）。

（4）飞檐椽头做黄万字，老檐椽头做百花图。

任务四　浑金彩画

浑金彩画的基本做法：

（1）大木彩画按分三停做法构图，设箍头（大开间加画盒子）、找头与枋心。凡枋心、岔口线、皮条线、圭线光等造型均采用折形斜线。

（2）梁枋大木的枋心，盒子及平板枋等部位的细部主题纹饰，相应地以绘制龙纹为特征。

（3）平板枋做龙纹：它是按建筑总体的面宽而定。由平板枋的两端向明间中线部位对跑。除龙图案存明间中线部位左右对称外，每边龙的个数也成双成对。

（4）压斗枋的流云或工王云沥粉贴金。

（5）坐斗枋的龙纹沥粉贴金。

（6）灶火门的龙纹或三宝珠沥粉贴金。

（7）椽头：飞檐椽头做沥粉贴金万字，老檐椽头做龙眼椽头或沥粉贴金寿字。

（8）角梁：金边、金老、退晕角梁。

（9）宝瓶：满沥粉贴金。

（10）斗栱：平金斗栱。

（11）雀替：金琢墨雀替。

（12）天花：金琢墨岔角云、片金鼓子心天花。

项目十五　彩画谱子制作

任务一　丈量

古建筑的彩画谱子就是彩画施工的图纸，所以谱子必须与建筑实体构件的尺寸同大，这样就要求对建筑构件进行逐一的测量，而不能参照各时期的相关算例、则例来推算构件的尺寸，也不可用统一部位的构件推算其他构件的尺寸。例如，同一建筑的明间额枋高、厚、长与次间和梢间额枋高、厚、长都不同，一般情况高度相当，厚度大多不同，这样的情况很普遍。谱子制作的丈量工作应包括一切需要起谱子的构件部位，例如露明造的内檐外檐各层檩、垫、柱头、枕头、椽头等，对不便或不需使用谱子的构件部位，如角梁、挑尖梁、霸王拳、角梁云、带雕刻的花板、雀替等部分则不需丈量。

1. 椽头

丈量椽头用两种方法。

1）正身椽头

正身椽头可直接用尺子量高和宽。一座建筑物的椽头不可能完全一致。在椽子制作过程中就会有误差，再经过做地仗、修缮就会差别更大。椽头误差一般会出现最大、较大、一般、较小、最小几种，其中最大和最小误差均比较罕见。在丈量椽头时取误差为一般、较大和较小三种进行尺寸记录。此种方法用来丈量方形椽头，如果为圆形椽头则按记取直径尺寸，取其平均的两个尺寸记录。

2）翘飞椽头

翘飞椽头的丈量是用牛皮纸拓出椽头轮廓。不同建筑翘飞椽个数不同，需要拓出的数量也不同。一般翘飞椽有五至七椽的需要全拓，椽数太多如十几椽，就可以选择隔一个拓一个。

拓印椽头轮廓时可拓在同一张大纸上，也可以将牛皮纸分成若干小份，分别拓印。牛皮纸裁成小份拓印时应略比椽头大出些宽度，以备使用时拿取方便。如果可以，尽量每个翘飞椽头都拓印。正身椽头也可以用拓印法丈量。

2. 大木

大木需要起谱子丈量的部位形状不一，丈量方法各有不同，丈量时均需考虑具体设计何种彩画图样。

1）檩

丈量檩的长度，按每间计算，各间长度不同。每间檩的长度以两个枕头侧面之间的距离为准，枕头上部（这部分彩画施工时虽然也要涂色，但不需要起谱子，所以不在丈量范围）的部分不计。

丈量檩的宽为檩的高度，是指檩露明部分的弧面展开高度。丈量时上部不能紧靠老檐椽根部，否则所绘图案太靠上不能被观赏到，影响画面的完整性，同时在彩画施工时亦有可能脏污椽肚部分的油漆彩画。所以，檩高度丈量时上部至椽根灰堆档处，下部至檩与垫板连接处（下鞅）即可。在对椽根不好确定时，可按人们在正常位置观赏该处彩画的可观效果决定。

2）垫板

垫板需要丈量长、高两个尺寸。垫板长度按每间两栿头两侧或柱鞅内侧之间的距离计算。垫板高度，即露明高度。由于垫板在下枋之上，与下枋的厚度不同，垫板退入的深度也有不同。丈量时应丈量出垫板的退入尺寸，以备起谱子时参考。如果垫板退入较多，则可视部分被遮挡较多，图案应相应上移，但上移偏中不能大于2cm。

3）枋

枋需要丈量长、高和底面宽。

（1）枋长度的丈量方法与垫板相同，以每开间两内侧柱鞅之间为准，再加两侧的肩膀形圆楞（坡楞）的尺寸。

（2）枋立面高度与底面进深分别丈量。枋立面高为上下滚楞中点之间的距离。

（3）底面视不同情况分别丈量合楞与底面。枋底面如有装修，那么不被装修遮挡的两个窄面则在丈量时计入枋的高度，这部分被称为合楞。无装修遮挡，则枋底面宽为枋的厚度。

4）柱头

（1）大式建筑柱头高为大额枋高＋垫板高＋小额枋高。如若明间与次间结构不同，明间只有大额枋，无垫板和小额枋，次间有大小额枋和垫板时，则柱头按明间大额枋高度计算。

（2）小式建筑柱头高至枋下皮，即柱头高等于枋的高度。

大式建筑如绘制和玺彩画或旋子彩画则必须丈量柱头，设计柱头彩画。小式建筑绘制苏式彩画时可不丈量柱头。

（3）柱头宽按露明净宽计算。对于角柱，则需丈量周长，以备设计彩画时参考。

5）抱头梁、穿插枋

抱头梁、穿插枋需要丈量高（立面高）、宽（构件露明长度）和厚（底面进深尺寸）。由于这两个构件体量短粗，其中坡楞占比较大，丈量时应记录准确。由于立面有坡楞的原因，立面长度会比底面长度短（底面长度会因为柱子的原因被吃进一部分），记录此数据，在彩画设计时作为参考，不至于因柱子的原因影响构件彩画图案完整性。

6）栿头

小式建筑的栿头按所绘制的彩画种类和内容来确定是否丈量。

（1）如果画苏画，栿头画博古、栿头花，则无需丈量。

（2）如果画攒退活等图案，需要重复使用，则需要丈量起谱子。

（3）如果画旋子彩画，栿头一般画旋花，应丈量正面高、宽和侧面的高、长，底面可不丈量，使用正面的部分图案。

7）挑檐枋

（1）檩枋画旋子彩画，挑檐枋则多为顺向配加晕色线条，所以无需丈量。

（2）檩枋画和玺彩画，挑檐枋画长流水或工王云，这时只需丈量高度，无需丈量长度。

8）平板枋

无论画什么图案，平板枋均需丈量高度和长度。

在丈量长度时应量平板枋通长和单位距离（斗栱攒档距离）。因斗栱在排列时距离略有出入，应多丈量几个斗栱攒档，取平均值。

9）垫栱板

垫栱板因其形状复杂，所以采用实拓法丈量。拓样时取正中垫栱板，柱头科两侧垫栱板和角科的垫栱板来拓取图样。

10）挑尖梁头与霸王拳

因为此构件轮廓多变，一般只按其轮廓绘制退晕的图样。如需画纹样，则要按垫栱板拓样的方法实拓轮廓，拓时将牛皮纸平铺按实，逐渐拓出全部轮廓样式。

11）天花（活天花）

（1）丈量天花板的长度和宽度。

（2）丈量天花井口净尺寸（天花板安装后,会被天花的支条遮挡住一部分。天花板露明的部分即是天花井口的净尺寸。四天花固定为井口尺寸）。

（3）支条丈量宽度与长度（单只条）。

任务二　配纸

配纸是起谱子中的一个程序，按着所丈量的尺寸把纸裁成适当的大小。但是由于彩画种类不同，起谱子的方式不同，配纸的方式也不完全相同。

1）一般殿式彩画按半间配纸。配纸前事先将各类大木需起谱子的总长计算出来，然后按各自构件宽（高）裁成不同宽度的条幅，按半间量为准。如果构件有合楞，则合楞部分的尺寸要与立面加在一起，配在一张纸上。例如，立面高为 60cm，合楞为 10cm，配纸的宽度应为 70cm，长按半间计算，配好后将合楞部分折进去与立面重叠。无合楞的独立的底面，配纸按底面宽度单独配纸，长度按枋底的 1/2 配纸。

柱头配纸,对于梁头伸出部分也考虑在内,在使用时再挖除（如穿插枋头）。

2）苏式彩画配纸是按苏式彩画的各个部分分别配纸。

一般分为箍头、卡子、包袱几部分。

（1）箍头谱子纸宽度包括箍头心、连珠带和副箍头。箍头谱子纸高度为檩垫枋高之和。

（2）卡子谱子纸长按卡子花两边略加余量（一般各加 2 ～ 3cm）；高为檩、垫、枋各构件本身高。

（3）包袱谱子纸一般配整包袱的量，高为檩、垫、枋三构件总高再加上合楞进深之和，如果有下合楞则再加上下合楞的尺寸；宽为包袱宽，两边略加余量 1 ~ 2cm 即可。

包袱配纸要在确定包袱的体量大小之后（指包袱的宽度）才能最后定。因此，很多部位的配纸与彩画设计有关系，先必须了解所要绘制的彩画的格式之后才能配纸。

3）丈量时采用拓实样轮廓的方法的只需要拓样后适当裁剪。

标注：

各种谱子纸在配完后还应注明使用部位，即谱子于何地、何建筑、何时、何构件。几个构件使用同一图案或同一谱子时，应注明借用此谱子的构件及部位。例如，某某建筑某构件，某某建筑某构件借用。此标注可在谱子完成后标注。

如果谱子数量较多，而且事前统一配纸，则应在配纸时标注。

任务三　和玺彩画谱子

起谱子因殿式彩画与苏式彩画之别而方法不同，殿式彩画不论和玺还是旋子，均应首先将纸（半间）上下对叠起来，如果事先已叠有合楞，这次包括合楞再叠一次，这时谱子面积为构件的 1/4；上下对叠之后，在纸的一端（比如左侧）再留出副箍头的宽度，划一条竖线或叠出一印迹，副箍头宽等于坡楞宽（丈量时已测得尺寸）加上晕色宽，晕色宽一般为 3 ~ 5cm，依构件大小不同。副箍头确定后由竖线向里将纸均分三份，彩画为分三停，可画线也可叠出印迹，三停线是清式彩画构图处理各部位关系的基本依据，之后便可根据彩画的规制起绘各种不同类型的谱子。

1. 规划和玺大线

各种和玺彩画的大线是一样的，只是在各个部位，即枋心、找头、盒子等心里的内容不同。在确定做何种和玺彩画时均应先规划大线，步骤如下。

1）先定箍头宽

根据彩画规则，和玺彩画有活箍头与死箍头之分，又由于和玺彩画多画在尺度较大的构件上，故一般死箍头宽可定在 13 ~ 15cm 之间，活箍头宽可在 14 ~ 16cm 之间，这是一般习惯沿用常数，无计算公式。如果活箍头两侧再加连珠带，则每条连珠带宽为 4.5 ~ 5cm。

2）定枋心

在箍头确定后，再在纸上的另一头定枋心，定枋心前将已上下对叠的纸再对叠一次，使高均分为四等份，也可画虚线，一直交于箍头，然后按和玺线特点画枋心头，使枋心头顶至三停线；枋心楞线宽占枋高的 1/8，即本纸对叠后为看面高的 1/4，枋心占 3/4 高，较大体量的建筑的大额枋楞线按此法确定基本合适。如果是挑檐檩则楞线可适当加宽，占枋高的 1/7 ~ 1/6，小额枋可同时参照。

3）定靠枋心的岔口线

枋心定好后，先不要画线光子部分，因这时线光子画多长，是否加盒子都无法确定，所以还要继续画枋心部分的各平行线段，枋心头旁边的和玺线各线均平行，两线之间距离基本等于楞线宽（大额枋如此，檐檩略宽于楞）。这部分折线形的平行线共三条，其中两条交于枋子边缘。

4）定找头部分

由枋心的第三条平行线（最外一条）始，至箍头之间的部分可称找头，视其宽窄可定是否加盒子及线光子长度。如无加盒子的余地则靠箍头直接画线光子，如加盒子，在构件上则为方形或立高长方形盒子。盒子两侧的箍头宽均相同。线光子部分的折线形平行线也为三条。

2．和玺彩画中龙的画法

1）在枋心与坐斗枋画行龙，行龙又称跑龙，是头向前尾向后，中部有一弓腰，顺向向前奔跑的龙，一般用在较长的部位上如枋心中。在枋心中画龙的步骤为：

（1）在枋心周围事先预留一定空隙，视枋心体量大小而定，即风路，用虚线画出以示龙在虚线内构图。

（2）在中部位置（谱子另一端）画宝珠，在谱子上画半个，拍谱子再补齐规整。宝珠的火焰的长宽视枋心长短而定。

（3）画龙头与身的位置，使其去向合理、匀称有力。

（4）添四肢与尾部，使四肢与龙身各部的距离位置基本对称。

（5）细画龙头，包括犄角、须发等长短体量与龙身对照匀称恰当。

（6）画龙脊、脊刺和示意龙的鳞及尾部。

（7）画爪及肘毛：在龙身部位空隙中灵活处理，无固定格式。

（8）画火焰：主要一组画在腰上部向后飘动。

（9）各空余部位加片金云或攒退云。

2）在找头、柱头等部位画升龙。

（1）升龙的画法：升龙即是向上升的龙，其特点是头部在弯曲龙体的上端，两条后腿在最下面，尾部卷至中间一侧。由于升龙前后两部为上下迭落构图，这两部分在中部腰处拐弯将方向改变，故下部的方向与上部相反。由于升龙放在找头部位，画升龙时立面部分与合楞部分需要联起来构图，即把升龙画在找头与仰头部位的1/2位置。

（2）降龙的画法：降龙头在下部，尾部在上部，龙身转弯同升龙。

（3）坐龙的画法：坐龙又称团龙，多画在圆形部位内，如用于盒子里面。坐龙的姿态端正，头部及宝珠均居中，四肢位置匀称。坐龙的身躯走向为：开始由头部上翻弯转，向下呈盘状，这部分结构不同于行龙、降龙。由于构图的限制两腿之间距离较远。

3）行龙、升龙、坐龙（团龙）用于构件时头部应有一定方向。在枋心内画行龙，中部为一个宝珠，两侧的行龙朝向宝珠呈二龙戏珠。找头部位的龙如有一条，头部应朝向枋心并加一个宝珠。如找头较宽可安排一升一降的龙或一升一降的凤。宝珠放在找头中部，双龙或双凤或一龙一凤都是头部面向宝珠，呈二龙或龙凤戏珠。盒子的龙头不分方向，但尾部在一侧，其尾部朝向枋心一侧。

3. 和玺彩画中凤的画法

彩画中的凤凰不像龙应用得那样广泛，画法相对简单。凤凰在彩画中由于运用部位不同而姿态也不同。但不像龙那样升、降、坐、行分得十分明显确切，各种姿态的凤凰都是由身子趋向而定，大致分为升凤、降凤和飞凤。画凤凰应掌握头尾的特点，头部的嘴不要画得太长，颈部也不宜过长过细。在构图中尾部应留有足够的余地，以适应凤凰尾飘洒所及的范围。画凤凰如果嘴过长，尾部不明显突出，很容易画成仙鹤的形状，尤其运用在盒子中很容易混淆。彩画中画凤凰除身躯贴金体量较大外，翅膀部分往往为齿形散开状。这样有两个好处，一是翅膀玲珑剔透，并与其他线条协调一致，体量适当；二是用金量少，可节省金箔。

凤均配牡丹花，配法有两种：一是凤凰嘴叼着牡丹；二是牡丹放在凤凰头部附近，凤头与牡丹相互盼顾且不相连。牡丹花与叶多为金琢墨做法，很少有片金的做法。凤的周围配云纹，其配置为片金云或金琢墨攒退云。

另外，凤凰也有夔凤（草凤）的做法，画法特点基本同夔龙。按凤凰的特点，设计成攒退或片金工艺的姿态，沥粉的粉条要明确沥出翅膀、头、颈、尾等个各部位并形成优雅自如的效果。

总之，和玺线的找头、线光子、盒子部分要相互兼顾，每一部分不可太长太大，尤其要考虑找头部分画什么内容，是单龙还是双龙，另外上述线条均为单线，由于各线因实做中均为沥粉双线，线间距离约1cm，故需将上述各线改成双线。可用红笔按单线轮廓直接描粗，红线条等于1cm宽。在描时，原各线均处于红线的中间，唯枋心线（上下楞线）应适当向内描，以加宽楞线宽度，扎谱子时按红粗线两侧扎眼，即折线形成双线。

4. 丈量配纸

（1）在起谱子时，为了做到同一间上下构件的工整对仗，即相应部位长短或宽窄应一致，如箍头、枋心、盒子宽窄等，为确保一致，又便于绘制，可将一系列已配好的各构件的纸，凡同一间上下平行构件的纸，均上下平行排列，由构件"中"的部位取齐谱子纸。

（2）由于各构件长短薄厚和两端交待不同，谱子纸的另一端也会参差不齐，画箍头时，可均衡考虑将副箍头在各谱子纸一端同时留出，之后其他各个部位也同时通画，使其枋心长短一致，盒子大小（宽窄）相同，尤其是箍头均在同一条垂直线上。

5. 谱子心制作——装心

谱子大线确定及掌握龙凤的画法后，即可装心，即在找头、枋心、盒子部位内画龙凤。按如下程序进行：

（1）先定各个心里的色彩，其中主要应明确找头的色彩，以便确定是画龙还是凤，是升龙、升凤，还是降龙、降凤。枋心、盒子一般不按色彩定龙凤的姿态，按部位形状，分别在枋心中画行龙、飞凤，在盒子中画坐龙、团凤。

确定色彩的方法按谱子所在开间箍头色彩定各部位。色彩由箍头向枋心处排，有时需在纸上标注。

（2）如前所述，在各个"心"里，四边事前应留出风路，构件大，如枋高在60cm以上，各间风路宽可在3～5cm范围内；枋高在60cm以下，风路可在2～3cm之间，不定稿。用粉笔在牛皮纸上画出虚线即可。

（3）用粉笔打稿：在牛皮纸上打稿可用粉笔，白线条很清楚，擦改也较方便。传统用碳条打稿，现也运用。

（4）用碳素铅笔定稿：因粉笔在牛皮纸上附着不牢，粉笔稿修定好后，需再用碳素铅笔定稿，因碳素笔醒目明显，扎谱子时看得更清楚。用粉笔打稿时，有些细部可不进行，如龙鳞，在定稿时画全即可。传统用碳条打稿后用墨定稿，线条流畅，顿挫有力，但扎谱子后并看不出勾勒的笔锋，所以不用加以强调。另外，由于相同构件的谱子大线经常一样，只是"心"里内容有区别，这时可分别画心，如按找头的形状单配两张纸，一张画龙，一张画凤。使用时各间用同一大线，之后再把龙、凤分别转移到所需的部位，这种做法较简单，还可提高工作效率。

6. 画岔角、线光子心、贯套箍头、片金箍头

1）箍头

枋心、找头、盒子各"心"里的内容画完后，画箍头、线光子和岔角。箍头如为贯套箍头，可直接画在大谱子纸上，也可以单画箍头心，画两种，一种硬贯套，构思时可先画软贯套，后画硬贯套。硬贯套按软贯套的走向变化运用，设计十分简单。画软硬贯套箍头是根据彩画规则，为适应青绿箍头分色的需要。设计图案时要求贯套箍头的带子编织清楚。

贯套箍头两侧所加连珠带，起谱子时，连珠带内不画连珠，施工时直接画在构件上。箍头心里除画贯套图案外，还常有片金图案，如片金西番莲，直接画在箍头心内，除非因工艺搭接方面的需要，一般不需另起谱子。

2）线光子心

线光子心也要首先确定色彩，然后再定画的内容，即先按箍头色彩向里排色。如果是青箍头，则为绿线光子心，绿心根据规则应画菊花；如果箍头心内为硬贯套图案也画菊花；反之绿箍头、青线光子心，画灵芝。两种图案均有固定的表示方法，主要要求大小适当，风路均匀，对花的形状不苛求。菊花和灵芝一般多直接画在谱子纸上，但画在大谱子纸上的应与谱子标注的使用部位一致。

3）岔角

和玺彩画岔角多为岔角云，金琢墨方式退晕，在确定箍头与盒子线之后即可画岔角云。岔角云均画在大谱子纸上，不另剔心，画时也需事前在岔角

云四周围留出足量″风路″，否则做完后易造成图案过于繁密、云与箍头盒子线分不清的现象，然后画一个岔角云，以一个为模子分别填齐四角，盒子的岔角不论是什么色彩，常用的岔角云均固定一种形状，只在涂色彩时，色彩有所变化。

7. 柱头

和玺彩画柱头图案比较灵活，变化较大，但各种图案应具有和玺特征，基本从以下三方面体现：

(1) 柱头的上下箍头之间画盒子。盒子心里的内容与额枋大木相同，岔角云亦同。

(2) 柱头中、下部画和玺线，即额枋箍头内的线光子部分，上部画龙凤。龙凤可不画在盒子里面，灵活构图，也可在和玺线上部再画盒子，之后再在盒子内画龙凤等。

(3) 其他与大木贴金退晕工艺相同的图案，如在箍头之上加画海水云气图案。

图案均为沥粉贴金，金琢墨工艺做法，与岔角云工艺相同，使柱头风格与额枋大木相同。其中，角科柱头如加盒子，谱子设计应当对称。画时先定下箍头宽（同大小额枋），上面根据余量考虑能安排几个盒子（一个或两个），然后在盒子上面再定箍头和副箍头。盒子、箍头根据具体情况设置，如果加箍头与副箍头较恰当，应以此为主而盒子可适当调整（加长或缩短），如果加两个盒子有困难，可加一个或将上部副箍头缩短。个别情况也有只加副箍头不加箍头的例子。

8. 挑檐枋、灶火门、平板枋、由额垫板

这些部位的谱子有两个特点：

第一，构件小，谱子都比较窄小；

第二，各部位均为单体图案的联合排列，故可只起一部分，即其中一段。

配纸也按上述方式配，只配一段。谱子比较零碎，这些谱子均在大件谱子起完后再起。各部分起谱子时应注意以下问题。

1) 挑檐枋

挑檐枋在彩画中又称压斗枋。根据和玺彩画规则，如金龙和玺、龙凤和玺可画片金流云或工王云，如龙草和玺，可简化为退晕做法。

流云画法为：先取一段纸，长约同斗栱攒档距离，在上面构图画流云，令其纸的一端与另一端图样在使用时云纹能首尾连接起来。云纹构图无刻板规定，其中云朵与腿排均匀、疏朗、连贯即可。

工王云同流云一样也为片金图案，实际很像″工″字与″王″字，即笔道按云形起伏连接，在搭接之处有云形钩。工与王字差排列，互补空档。

挑檐枋上画流云与工王云，构图时上下均应留有适当″风路″，以12～20cm高挑檐枋为例，上边留2cm宽左右的风路为宜，下边画一笔约1.2cm宽的线，以备与工王云或流云同时贴金。

如果挑檐枋为青地素枋退晕做法，则不需起谱子。

2）灶火门

和玺彩画的灶火门多为沥粉贴金的图样，画时先将配好的纸裁剪整齐，分中对叠。先画灶火门的大边，大边在拱与升相交的拐弯处，线笔简化，弯数较少。大边宽约5cm，也视斗栱大小而定。大边确定后，将纸展平，剩下的部位画龙凤。进行构图，由于灶火门为三角形，画完龙之后，上部还空有一块，因此可把宝珠加在这个部位。这是灶火门龙的特点。灶火门画龙多为坐龙。一座建筑的灶火门图样均一致，可用同一谱子。在设计时，图样与底线应留有适当距离，其"风路"一般大于左右宽。因灶火门底边被平板枋遮挡一部分，仰视时下部图案不易看全，所以应适当向上移。谱子纸的下边不画大边，两条弧线直交平板枋上线。

3）平板枋

平板枋（坐斗枋）是体现和玺彩画精致工艺与华丽装饰的主要部分，根据彩画规则，如为金龙和玺则画龙，凤和玺则画凤，如为龙凤和玺则相间画龙凤。平板枋配纸按斗栱攒档为单位配纸。如果画一龙一凤则凤前牡丹应为片金图案。

4）由额垫板

很多和玺彩画的由额垫板，内容同平板枋。结构高度也同平板枋（均为两口份），但一般不能借用平板枋的谱子，需另画。因在平板枋构图以攒档为单位，而由额垫板画龙凤以间为单位，可能长于平板枋上的龙凤，也可能短于平板枋上的龙凤。

构图应在半间长的谱子纸上，先减去箍头部分的宽度，剩余部分再画龙凤。如只画龙，表达在半间的龙的个数不限，三四均可，整间则为四、六、八双数。每条龙前部有一个宝珠，开间中部为一个，整间的宝珠则为单数。如果画龙凤，每侧的龙凤均应成对，即半间的谱子上或画两对龙凤或画三对龙凤。不可画二龙一凤。

由于有小额枋遮挡视线，下部图样可能看不清楚，故起谱子时应将图样适当上提，如上面风路为3cm，下边可按4cm留，由于上下风路悬殊不大，平视仍显图样居中，仰视时被额枋遮挡的图案也不严重。

任务四　旋子彩画谱子

旋子彩画规则性比较强，彩画的等级，各部位之间的比例，各种等级的表达方式，找头部分的图案特征，什么地方用金，什么地方退晕，均在起谱子时予以体现。因此，旋子彩画的谱子应当分等级，按不同需求分别处理。起旋子的谱子也分檩枋大木、柱头、平板枋、灶火门等几个部分。又因旋子彩画除用于大殿外，小式建筑、配房等也常用，所以在装饰、起谱子中又分大式、小式之别，有些大式上的图样不用在小式建筑上。

1. 檩枋谱子

檩枋是体现旋子彩画特征的主要构件，需要在施工前进行工整规则的构图，所以需事先起谱子。檩枋大木起谱子，不分大式小式均以间为单位。一间谱子纸分成若干份，以大式建筑明间为例，一份谱子纸包括檐檩、大额枋（包括合楂）、小额枋、小额枋底面（彩画俗称"仰头"），这四条纸，因构件宽窄不同，在柱头处搭接得不一致，致使同一间的各条谱子纸不等长，而略有出入，这点同和玺。

1）定箍头宽

旋子彩画大多为素箍头，箍头之中不加其他图案，两侧也不加连珠带。箍头宽按构件大小而分别定，一般60cm以上高的大额枋箍头宽约在14～15cm之间，60cm以下的可在12cm左右，其他各件包括同间的檐檩与小额枋、垫板、柱头等构件的箍头，宽均为同一尺寸，即一座建筑物的箍头均同宽。

定箍头宽时方法同和玺，也先将各条纸上下平行，并排起来，使枋心中线的一侧齐平，另一端虽参差不齐，无妨，以大小额枋为准，减掉副箍头宽，然后由副箍头线开始向内侧排箍头，可在各条纸上由上至下统一划下。

另外，定箍头宽时还要考虑做什么等级的彩画，如金线大点金级，大线均加晕色，箍头宽可另增加0.5～1cm，即如果某建筑彩画为墨线大点金，箍头为14cm，改定为金线大点金，则箍头可定14.5～15cm宽，但不可差得太多。

2）定枋心长

由于事先已在谱子纸上确定三停线，枋心长占1/3，即将枋心头顶着三停线画，同时将上下楞线留出（画上下枋心线），上下楞线的宽等于靠箍头栀花部位的各条线宽与岔口线两侧之间的距离。事先应全面设想，一般楞线宽比箍头明显窄，但两条带宽相加又明显大于箍头宽，因此楞线约等于箍头的7/10宽，定上、下楞的宽度均为目测，不用计算。

3）定盒子

谱子是否加盒子由两方面决定。

第一，构件是否为明间，一般明间尽量首先考虑加盒子；

第二，加盒子后，应保证在规划皮条、岔口各线后所剩找头的宽窄仍能画勾丝咬或两路图案，否则不宜加盒子。

这部分制作时可先画虚线预测。

4）找头部位旋花组合形式处理

找头部位依所剩面积（高宽之比）来确定画什么内容，在确定前应先画齐箍头部位的皮条线部分和靠枋心部分的岔口线部分，各平行线间的距离同楞线宽，斜线的角度均为60°，以备六方、圆形等构图。这些线均应暂时虚画，不要定稿，因为画找头中的旋花后可能还要调整。之后便要根据找头的高宽比例画各种不同形式的旋花，如一整两破、喜相逢、勾丝咬等，根据彩画规则和旋花的详细式样进行构图。

5）按等级表示旋子的贴金部位

在找头部位的旋花画完后，要按等级表达清楚贴金部位。其中，大线凡沥粉均为双线，起谱子时即应画有一定距离的双线约1cm，如为墨线可画单线，这样以区分是否贴金。找头部位的旋眼、栀花心、宝剑头、菱角地中的小短线，如不贴金则不画线，大点金的一路旋花在标注贴金线条后，即使不将旋花瓣一一画出，施工时也可以根据菱角地的多少（事先画的双短线）确定旋花瓣的个数。

6）画枋心与盒子

大线与找头部位画好后即可画枋心与盒子，在画大线与找头时可不考虑色彩的安排，而在画枋心与盒子时则应考虑色彩，根据色彩来定内容。

枋心，根据彩画规则，墨线大点金以上等级的彩画为龙锦枋心，这时就应先根据箍头排色。枋心色彩确定后再画枋心的内容，如为青枋心则画龙。同样，画整、破盒子时也要在箍头色彩确定后，再根据整青破绿规则安排盒子格式。整破盒子的贴金表达方式同找头，各贴金的栀花、菱角地均加双线。

7）画宋锦

宋锦包括在枋心内容之中，青箍头构件的枋心画宋锦。起谱子画宋锦只表示一部分规则、内容，大部分在绘制过程中完成，其起谱子的程序与方法如下：

（1）在枋心中画斜线，形成若干斜正方形。对角长等于枋心高，枋心中线必须画一个完整的方形，再向左右两侧连续排列。两端（在谱子中表现为一端）所余形状（方格大小）不限。

（2）在各垂直线相交之外（斜线交点）画小栀花方块，将来贴金栀花体量不要太大，因周围还有色带围绕，其他部分尚有花纹。

（3）在各方形中间画云钩形小圆环，体量稍大于小栀花，云钩间距要匀称。

这样的宋锦谱子即可施工。檐檩枋心较窄，可取上述额枋宋锦图案的一半，即取额枋宋锦的下半部，按下半部格式构图，即正中的圆云环在上，方栀花在下。

8）檩枋谱子注意事项

在起旋子彩画额枋谱子时，画仰面的图案应注意与立面连接。

下枋子仰底，因其底面无装修遮挡，可表达完整的旋子图案。但底面相对又比立面窄，这样为保证图案与立面的对应、连贯，应将其各部分图案画扁，即立面的圆形旋花，到底面为椭圆形，立面画一整两破，底面也为一整两破，各大线也要与立面相接、搭交，这样做称三裹。

一般的构件底面均应为三裹做法，特别窄的构件除外（可不起谱子）。起时将纸与立面并联，同时构图，或将大线先对应相接画完后，单画找头，图案同立面样。如果构件底面很窄，可考虑画切活图案，这时可不起谱子，切活图案在施工时默画。

对于某些底面较窄的构件，可另行设计纹饰，不与立面线道衔接，如画小池子半拉瓢。

2. 柱头谱子

柱头是表示旋子彩画特点的另一重要部位，可画旋花、栀花和盒子。旋花图案多用于大式建筑，栀花多用于小式建筑，盒子运用较少，偶见于大式结构之上。

旋花柱头的特点和放样注意事项如下：

（1）柱头多为竖向谱子，先在下部定箍头，箍头宽等于檩枋大木的箍头宽，之后向上取两个圆的距离定上条箍头，并留一部分副箍头。如果上部不够安排两条箍头（正、副箍头），可只安排一条，即副箍头，大多数大式构件可安排两条。

（2）箍头确定后，画上下箍头之间的旋花，应画两个相同的整旋花，上下各一个，花瓣大小应与檩枋大木相同，瓣数可有所增减。应注意旋眼和各路花瓣的走向，即花瓣由中间向两侧向下翻，由于没有一整两破方式的构图，故每个旋花两端没有宝剑头，各瓣之间均为菱角地。

（3）添栀花：两个旋花画完后，柱头两侧的空地方添画栀花，栀花的外轮廓即两个旋花的最外轮廓线与栀花瓣线条相切。

小式柱头上画栀花特点和放样注意事项如下：

一般下部有箍头，上部无箍头。箍头宽也同檩枋大木，画时先定箍头，剩余部分向左右画等腰三角形，底边为箍头线，最后画栀花，上边两角每个为1/4形栀花，下部箍头之上画1/2形栀花。

有些建筑山柱较长，谱子由柱两侧大枙头下开始直到顶部，可在上下箍头之间连续画若干栀花；个别建筑构件体量小，柱子较细长，如某部位的梅花柱，则在箍头之间通画栀花图案，形成一整两破栀花的构图格式。

起柱头谱子时，由于内容都一样，故不像大木需事先排色，再根据色彩定各心里的内容，可直接按本身固定的格式画。

3．小式枙头谱子

旋子彩画枙头谱子图案颇有变化，即旋花的朝向有所变化，分为正面、侧面与底面，其中正面图案花形朝上，在枙头上画一个整圆旋花，枙头四边不加边框，四角分别画栀花，侧面与底面图样虽也为旋花花纹，但朝向不同，花形不是朝上，而是朝前，即朝外，在纸上起谱子时，枙头各面的旋花轮廓的大圆可分别起，但栀花应连起来，即把正面的纸与侧面的纸摆平，同时画栀花，这样用时图样才能连接在一起。

4．垫板

旋子彩画的垫板（包括由额垫板）常用做法有四种：

（1）画轱辘草；

（2）画小池子半个瓢；

（3）画长流水；

（4）素红油地。

前三种需起谱子。

轱辘草的谱子需起两条（两段），靠箍头一侧的草为阴草，两阴草之间为阳草，阴阳草互相间隔，应计算其长度，使阴草数量与阳草相等，阴阳之间间隔要明显。

小池子半个瓢分小池子和半个瓢两部分，分别画，先画半个瓢，剩余部分为池子，池子内的图案依等级而定，如为片金、攒退活等图案需起谱子，可直接起在长条谱子上，也可将"心"剔出单起。如果池子内为"切活"图案和画博古、山水等内容则不需起谱子，彩画时临时设计绘制。

画长流水同小池子，也需起一长条谱子，其中各线之间的比例、距离应均匀一致，体量大小一致，开间两端的长流水起止处图样应一致，但不对称。这是因为水向一个方向流，形成的水旋也向一个方向旋转。

5. 平板枋

旋子彩画的平板枋如加图案则多为"降魔云"。降魔云在平板枋上是连起来的，首尾相接，一直围绕建筑物一周。起谱子时，可起一段（一条纸）或两段（两条纸），每段按斗栱攒档距离算，两段的长短略有出入，以适应不同长度的攒档。传统每攒档降魔云的个数不同，有上下各一个云的，也有上下各两个云的，前者简单，后者较繁，采用任何一种均可。

另外，在平板枋上也可以画栀花，即把降魔云的云纹软线改成折线，其余栀花图案不变，如画栀花每攒档应画两上两下，共四个。

另外，在平板枋上也可画小池子、半个瓢图案和长流水图案，前者较后者运用稍多，多配雅伍墨等级的旋子彩画，池子内画各种图样的切活，小池子半个瓢也与攒档对应排列，取其工整对仗。

6. 灶火门

较高等级的旋子彩画装饰的建筑物，灶火门内多为沥粉贴金的三宝珠图样，谱子线条除宝珠内的晕色层次不画外，其余各种线条均应表达于纸上，包括三个宝珠的轮廓线，围绕三个宝珠的三环形外轮廓线。火苗的轮廓线，画时应表达出火焰的动势，做到既要生动逼真，又要规整对称。各火焰之间的距离相等一致，不要出现死疙瘩。每侧火苗的个数约 8 个（包括中间的火苗），一周约 15 个。画时同样先留出灶火门与斗栱之间的大边，宽同和玺彩画的龙凤灶火门大边。火焰与大边之间也要有足够的距离，不要离得太近。在庙宇，尤其是佛教的密宗建筑，灶火门也有画佛梵字和金莲献佛的图样，均依设计而定。

任务五　苏式彩画谱子

苏式彩画起谱子与前两种彩画（和玺与旋子）有很大的区别，在配纸时已经按其特点加以注意，即和玺与旋子彩画谱子均以构件半间为单位，按半间起谱子，半间构件上的图案均尽量详细地表达在谱子之上，施工时主要按线添色。进行不同层次的退晕以及沥粉贴金，除个别部位个别情况外，不需再在构件上进行构思和创作。而苏式彩画由于图样具有几方面的特征，所以起谱子的方式与前两种不同。

第一，图样由图案和绘图两部分组成，前者规整，重复运用，需起谱子，而绘画部分包括包袱中的各种名目的画和找头聚锦池子、博古等，多按作者的意图而定，这些地方不能起谱子。

第二，苏式彩画的某些非绘的图样变化很大，这也是进行苏画创作的一个规则，比如聚锦轮廓及找头，虽不是绘画，但要求每个样式不同，尽量不重复，因此不需起谱子。

第三，由于图样的调换运用和绘制的简化，为加快整个绘制速度（包括起谱子程序），权衡之后，很多图样不起谱子，如常用的流云图样，具有图案的特征，但临时定稿比事先起谱子要省时。

起谱子按图样的单体形状起，谱子的图样包括箍头、卡子、包袱、托子轮廓、锦格、攒退活等。每条（块）谱子不是覆盖一个构件，而是可以覆盖几个构件的有关部位（如箍头、包袱）或只覆盖构件的一个部分（如卡子）。

1. 箍头

苏式彩画的箍头谱子为单一条纸，与其他图案不相干。纸为竖条，长＝檐檩高＋枋高＋上合楞＋下合楞（或 1/2 底面）＋垫板高＋余量（3～5cm）；箍头宽＝箍头心＋连珠带＋副箍头，一般檩枋高在 25～30cm 的建筑，整个箍头宽 =8cm（副箍头）+9～10cm（箍头心）+4.5cm×2（两条连珠），即总宽为 26～27cm。构件较大或较小，各部分尺寸可相应增减，但不能按构件比例增减，否则差得太多。

箍头宽确定后，将纸条下端叠入 3～5cm，开始画箍心内的图案，由于图案的效果不同，在谱子上的表达方式也不一致，以常用的万字为例，分阴阳万字、片金万字、金琢墨万字。

起万字箍头谱子：

（1）阴阳万字与金琢墨万字均靠箍头心一侧画，另一侧为"风路"。一般万字谱子均为双线，宽约等于箍头心内径尺寸的 1/13～1/12，横竖线道与风路的比例一致，使万字成正方形。

（2）金琢墨的万字可只用单线表示，不画晕色线（双线表示晕色宽，单线表示沥粉），在构件上沥粉之后，晕色可按沥粉形状跟画。

（3）这两种万字谱子对彩画图案的行粉、切角两项工艺效果均不在纸上表达，只画到以上程度即可。画时应从纸的底端折线外开始，这样在枋底可形成对称形状的万字。

（4）在规划万字时，同时要考虑万字各线与构件的关系，即在檐檩与垫板相接之处的万字图案横向线道应为一长线，这样做利于以后各项工序的顺利进行。

（5）画万字时还要考虑下枋子的万字应起始整齐，起码其中的一个开始或终了应与楞齐，这些都要互相兼顾，统筹安排，必要时调整一下箍头的宽度或稍使万字加长。片金万字用双线表示，字居中，笔道（双线距离）与空档之间的比例在（3：7）～（4：6）之间，万字笔道不可画得太宽，否则沥粉贴金以后图案达不到理想的效果。

2. 卡子

苏式彩画的卡子式样很多，变化较大，若事先无明确方案，需在起谱子时进行设计。

卡子配纸：

卡子配纸为单块进行。

(1) 檩、垫、枋三件每侧三个卡子，共配三块纸（纸高按构件尺寸，长按卡子长每边加一定余量，约每边各余 2～3cm，也视构件大小而不同）。

(2) 三件谱子纸高不同，但长度一样。卡子长度依构件而定，一般呈长方形，长大于高,如果构件较短高,卡子也可画成竖向高大于横向宽,但无正方形卡子。

卡子有其基本形状和特点，如小腿、卡子箍等。实际运用时，图案的详细样式依彩画等级而定，具体画卡子步骤为：

(1) 先把三块卡子纸各上下对叠，竖向并排在一起。

(2) 分别在三块纸上同时确定卡子的各个部位，使其各部位长度一致，如卡子箍、大小腿拐弯处上下对应。

(3) 每块纸分别画，将细部一一勾勒清楚。

(4) 在画之前一定要认清卡子所在部位的色彩，从而根据规则确定是起软卡子还是硬卡子。另外，一份卡子的个数也因构件大小不同和建筑间数不同而不同。一般在三开间的建筑上，檐檩与下枋子均要起两份谱子，即檐檩起一个软卡子，一个硬卡子，下枋子也起一个软卡子、一个硬卡子，使用时明次间软硬调换，垫板多固定为一个软卡子，这样一个建筑经常为五个卡子谱子。

(5) 如果仰面也有彩画，分两种情况确定使用卡子的情况。

第一，如果枋底有装修，这时底面表现为下合楞，露一窄条图案，这时可不单起卡子，用立面的卡子，用时露出一部分，被遮挡多少不计。

第二，如果底面无装修，需全部清楚地表达图案，则需单独起卡子谱子。软硬随立面各起一张。

(6) 起卡子谱子还要考虑卡子的做法，是片金，还是金琢墨，还是攒退活，其中片金卡子要细，空档要大，金琢墨与攒退活卡子笔道可适当加粗，以利于攒退。

3. 包袱

包袱的谱子即包袱的两条外轮廓线，根据规则，包袱线分软、硬两种，每个烟云筒又有两卷、三卷之分。烟云筒位于构件上，每个构件一般各有两个烟云筒，左右各一个，整个包袱共三组六个烟云筒，特殊情况烟云筒个数可任意增加，主要视包袱大小和形状而定。

1) 起包袱谱子应先确定大小，配纸也要在大小确定后进行，包袱的高矮比较固定，而宽窄出入较大，由设计决定。包袱以高为前提，然后画半圆形，使包袱本身形状适当。

2) 包袱在配纸时还应考虑上合楞的尺寸，即垫板下线与枋子上楞之间的距离。以檩、垫、枋相连的构图为例，包袱配纸高＝檩展开高＋垫板高＋合楞宽＋下枋子立面高＋下枋子底面 1/2 宽。起谱子时将上合楞部分减掉，方法为将合楞部的纸叠上，使垫板下线与枋子上线重合，即是投影平视的包袱效果。

3) 如果在画半圆形包袱线时,包袱与卡子发生矛盾,即如果某间开间较小,画包袱时即使形状画得很窄,也与卡子互相重叠,这时应首先以包袱构图为主,尽量满足包袱的形状，但包袱的大小绝对不可超越两侧的箍头。

4）在檩、垫、枋相连的构图中，由于下枋子底面情况不同，包袱的高矮也不同，一般有三种情况：

（1）下枋子紧接墙体或有较宽的装修，二者立面基本相平，这时包袱高为檩、垫、枋三件高之和。

（2）下枋子底面有较窄的装修，如楣子、坎框，这时底面露有较宽的合楞，包袱高为檩、垫、枋之和，再加上合楞（底面）宽。

（3）下枋底面完全露明，无任何遮挡，这时包袱高为檩、垫、枋之和加上1/2枋底宽。

5）画烟云：包袱配纸为左右对称的整个包袱，画烟云时将纸左右对叠，然后将檩、垫、枋构件置于纸上（划横线），叠入合楞，即可画烟云筒。每个烟云卷的朝向应与包袱轮廓线相切垂直，各个烟云筒，如果退烟云，灭点不可强求交于一点，各烟云筒大小应一致，距离应相等，其中最下部的两个（左右各一个，纸展开后对比）距离可较上部的稍宽。较大的包袱线或配金线、金琢墨彩画的烟云筒常为三个卷，应注意三个卷大小一致、对称，其中中间的卷多向下勾卷。

起软（硬）烟云步骤，基本要求有：

（1）各个烟云筒的大小一致，各卷笔道之间距离相等，硬烟云由于两卷之间位置不同变化较大，容易形成大小不一致的现象，应注意。

（2）连接各烟云筒的直线尽量要少，拐弯不要太多，各直线应尽量简化合并，否则退烟云时易有繁杂感。

（3）虽为硬烟云，但仍要呈半圆"包袱形"，即总的外轮廓各点相接仍为半圆形。

不论软烟云与硬烟云，包袱的弧形垂落感均应自然，切忌斗形、大敞口和柿子形包袱。在起苏式彩画谱子时，如果没有设计方案，为了使各部分图案形状大小适当，美观准确，可先进行小样试排，即先按一定的比例将檩、垫、枋缩小排在同一张纸上，再在各构件之中或之间排箍头、卡子及包袱的位置与大小。所谓的美观协调，主要指箍头的宽窄，卡子的大小、长短比例，上下风路和距离箍头一侧的风路宽窄，包袱的大小、形状等。一般可按1：5或1：10的比例设计。在小样上看合适后，再正式放大样（起谱子）。当然，做小样时，花纹不必过细，如卡子只画四周外框即可，箍头不画心里的内容，包袱只画一条外轮廓线即可。画硬烟云、硬卡子等如果较困难，可用软变硬法。

任务六　天花、燕尾彩画谱子

天花的种类很多，有图样的变化，也有工艺表达方式方面的不同，其中有些图样固定配某些殿式彩画，有些固定配苏式彩画，有些配庙宇建筑，有些则可灵活运用。另外，根据用场不同，天花图样还可临时设计。在大体符合规制的情况下，细部图案可根据需要而设计。设计可直接由起谱子工序同时兼之。天花起谱子较简单，包括天花与支条两部分分别起。

目前，常用的各种天花，如龙、凤、草、云、牡丹花等，只要是一个图样在天花板之中反复运用均需起谱子，包括"心"里的内容。有些天花圆鼓子心里的内容一块一样。这时"心"里不起谱子，但大线也起谱子。起谱子时先确定大边，之后再确定圆鼓子心大小，使四周岔角体量适当，之后画一个岔角，再由一翻四，最后添"心"里的内容。起天花时注意大边的宽度，应考虑天花板在装上之后，四边被支条遮掩住一部分，起燕尾谱子又分单尾与双尾，分别起（画），双尾包括轴辘，单尾不包括轴辘，燕尾不论是金琢墨还是烟琢墨，谱子均一样，均画一整两破云的轮廓，彩画时再区别。另外，燕尾配纸宽应为燕尾本身宽的 4～5 倍，起时折叠在一起，画表面的一个，将来一同扎透。

任务七　扎谱子

各种谱子起好后，均需扎谱子，使其线条成为排密的针孔，针的孔径在 0.3mm 左右，花纹繁密可使用细针孔，花纹简单而空旷可用较粗的针孔，针眼间的距离也视图案的繁密情况而定，如枋心中的龙、凤针距离小，大线可适当加大，一般针距在 2～6mm 之间，主要看谱子轮廓线是否清楚，不清楚俗称"扎瞎了"，即看不出横竖笔道走向，无法确定图案，不能使用。扎谱子应注意，遇有合楞的部分，纸应叠入，一齐扎。扎立面带合楞，但这仅指大线而言，心里的内容需将谱子展开单层扎。另外，有些图案需反复运用数十次，甚至上百次，扎谱子时应将该图案同时垫几张纸，同时扎，以备代换。

扎谱子是起谱子的最后一项程序，但谱子扎好后，还要对谱子进行统一整理，并检查以前各程序中是否有遗漏和误差。最后按份卷捆，把字露在明处，或用牛皮纸捆扎，并在牛皮纸上写明谱子用场。

北方官式建筑彩画由于图案繁密复杂，要求严格，所以均起谱子，但在某些地区，由于要求的不同，以及彩画格式的差别也有不起谱子的例子。将稿直接描绘在大木之上，然后进行各种工艺的绘制工作。这只限于对建筑图案要求不十分严格的情况下进行。北京官式建筑彩画只在极个别情况下不起谱子或只起很简化的谱子，终究准确性差。

早期，由于纸张相对昂贵，起谱子不见得面面俱到，而多采用借用的办法。即使构图严谨的旋子彩画，也常以一个图案借用其他图案，如起谱子时，只起一个"一整两破"纹样，遇需画"勾丝咬""喜相逢"图案时，即以"一整两破"借用。拍谱子的过程中对谱子进行收减移位的办法，从而形成"喜相逢"或"勾丝咬"纹样，以适应不同构件的长度，达到完美的构图效果。谱子相互借用，可减少起谱子的工作量，但谱子借用会使图案组合不够严谨，于是就会出现许多在旋花纹中加"阴阳鱼"的例子。

项目十六　古建筑彩画施工工艺及流程

任务一　施工准备

材料准备

（1）颜材料：巴黎绿（洋绿）、群青（佛青）、银朱、章丹、石黄、碳黑（黑烟子）、铅白、钛白粉或乳胶漆、氧化铁红（红土子）、二青、二绿、三青、三绿、香色、硝红（粉红）、砂绿等。

（2）胶结材料：骨胶或乳胶。

（3）其他材料：大白粉或滑石粉、光油、中黄漆、白色无光漆、汽油、牛皮纸、高丽纸、钉子、钢丝等。

主要工具

钢直尺、盒尺、木尺、三角板、圆规、砂纸、沥粉工具（单双尖子、老筒子、塑料袋、小线）、土布子（粉包）、剪子、裁纸刀、刷子、各种规格的油画笔、白云笔、叶筋笔或衣纹笔、大描笔、铅笔、橡皮、粉笔、扎谱子针、碗、调色盆、勺、调色棒、80目箩、牛皮纸、红墨水、水桶、小油桶。

作业条件

（1）构件的灰油地仗应已干透。

（2）连檐、椽望、斗栱的盖斗板、烟荷包的油漆应已刷完并干透（在彩画施工前此项工序应提前进行）。

（3）应搭设彩画施工的拌料房以及施工人员的工作室和休息室。

（4）调制各种所需的颜色及沥粉，并做好色标板。

（5）脚手架的搭设应符合彩画施工要求，脚手架上的尘土应清扫干净。

任务二　质量控制标准

主控项目

（1）选用材料的品种、规格必须符合设计要求或古建常规做法，保持文物建筑的原材料做法。

（2）彩画的构图、线型、设色、画题及图样的绘制等必须符合设计要求，设计无明确要求的，应符合古建常规做法，文物建筑应保持原做法。

（3）沥粉线条不得出现崩裂、掉条、卷翘等现象。

（4）颜色严禁出现漏刷、透地、掉色、翘皮等现象。

一般项目

（1）饰面洁净，色泽饱满，色度协调一致。

（2）晕色、大粉宽度适度，无接头等现象。

（3）飞檐椽头万字沥粉应端正。老檐椽头退晕的间隔排列应正确无误。

（4）额枋的枋心、找头、盒子以及灶火门、坐斗枋、柱头等部位的龙纹其首尾朝向排列应正确无误（和玺彩画与浑金彩画）。

任务三 彩画施工过程中应注意的问题

1）无论在任何地仗上进行彩画，必须待油作地仗充分干透后方可进入施工。

2）彩画施工天气温度不能低于5℃，以避免颜料中的粘接剂因温度低造成凝胶现象，从而影响彩画操作的质量。

3）彩画颜料中的巴黎绿、章丹、石黄、银朱等都含有对人体有害物质，所以在施工中的储存、颜料的配制和现场的操作过程中，都要根据实际条件，采取切实可行的防范措施。

4）颜材料：

（1）彩画的胶传统多为骨胶，骨胶以及骨胶所调制的颜料在夏季炎热的气温下会发霉变质。故在运用时应按所需分阶段调用，不可一次调制过量。如有用不完的颜色需出胶，出胶的方法是将颜色用开水沏，使颜色沉淀后将胶液澄出，使用时再重新入胶。

（2）用乳胶液调制的颜料如有用不完的颜色时，需将颜色掺水，防止因长时间不使用使其干透。颜料再使用时将水澄出重新入胶。

（3）各种颜料按其层次的不同而入胶量也不同，一般大色即底色入胶量大，上层色入胶量小，否则颜料易产生崩裂和翘皮等现象。

任务四 和玺彩画施工工艺及流程

和玺彩画施工流程是以龙凤和玺彩画为例，此种几乎包含了和玺彩画中的施工工序，如有特别的设计借用旋子彩画中的图样及做法，施工中参照旋子彩画中的工程做法（图16-1）。

1. 丈量

用盒尺对要施工的椽、檩、垫、枋、柱头、垫板枋等部件作实际测量并记录其名称、尺寸等。

2. 配纸

即拼接谱子纸，为下一步起谱子作准备。按构件实际尺寸，取一间构件的1/2即可。同时在起好大线后，按大线实际尺寸配枋心、找头、盒子、线光子的谱子纸。配纸要注明具体构件。

图16-1 和玺彩画施工流程图

3．起谱子

即在相应的配纸上用粉笔等摊画出图案的大致轮廓线，然后用铅笔等进一步画出标准线描图。起谱子的具体操作工艺如下：

1）规划大线

（1）先定箍头宽：根据彩画规则，金龙和玺彩画有活箍头和死箍头之分。做法按设计要求或按原彩画纹样而定。由于和玺彩画多画在尺寸较大的构件上，故一般死箍头宽可在13～15cm之间，活箍头宽可定在14～16cm之间。如果活箍头两侧再加连珠带，则每条连珠带宽约4.5～5cm。

（2）定枋心：在箍头确定后分三停。即沿箍头线至谱子的另一端分送三等份，然后在纸的另一端1/3处定枋心。定枋心前将已上下对折的纸再上下对折一次，使其纸的总高均为四等份。折线一直交于箍头，然后按和玺线特点画枋心头，使枋心头顶至三停线。枋心楞线宽占总高的1/8。

（3）定枋心岔口：枋心定好后，先不要画线光子部分，因这时线光子画多长，是否加盒子都无法确定。枋心头旁边的和玺各线均平行。岔口线两线间距离基本等于楞线宽。

（4）定找头部分：由枋心的第三条平行线（最外一条）始至箍头之间的部分可称找头。另外，视其长度是否加盒子及线光子的长度，如无加盒子余地，则靠箍头直接画线光子；如加盒子在构件上则为方形或立高长方形盒子，盒子两侧的箍头做法相同。总之，和玺彩画的找头、线光子、盒子的部位要相互兼顾，每一部分不可太长，尤其要考虑找头部分画什么内容，是单龙还是双龙。和玺彩画中斜线角度均为60°。

2）龙和玺彩画中龙的画法

（1）在枋心与坐斗枋画行龙，行龙又称跑龙，是头向前尾向后，中部有一弓腰，顺向向前奔跑的龙，一般用在较长的部位上如枋心中。在枋心中画龙的步骤为：

在枋心周围事先预留一定空隙，视枋心体量大小而定，即风路，用虚线画出以示龙在虚线内构图。

在中部位置（谱子另一端）画宝珠，在谱子上画半个，拍谱子再补齐规整。宝珠的火焰的长宽视枋心长短而定。

画龙头与身的位置，使其去向合理、匀称有力。

添四肢与尾部，使四肢与龙身各部的距离、位置基本对称。

细画龙头，包括犄角、须发等长短体量与龙身对照匀称恰当。

画龙脊、脊刺和示意龙的鳞及尾部。

画爪及肘毛：在龙身部位空隙中灵活处理，无固定格式。

画火焰：主要一组画在腰上部向后飘动。

各空余部位加片金云或攒退云。

（2）升龙的画法：在找头、柱头的部位画升龙，即是向上升的龙。升龙的特点是头部在弯曲龙体的上端，两条后腿在最下面，尾部卷至中间一侧。由于升龙前后两部为上下迭落构图，这部分在中部腰处拐弯将方向改变，故下部的方向与上部相反。由于升龙放在找头部位，画升龙时立面部分与合楞部分需要联起来构图。即把升龙画在找头与仰头部位的1/2位置。

（3）降龙的画法：在找头、柱头的部位画降龙，降龙头在下部，尾部在上部，龙身转弯同升龙。

（4）坐龙的画法：坐龙又称团龙，多画在圆形部位内，如用于盒子里面。坐龙的姿态端正，头部及宝珠均居中，四肢位置匀称。坐龙的身躯走向为：开始由头部上翻弯转，向下呈盘状，这部分结构不同于行龙、降龙。由于构图的限制两腿之间距离较远，行龙、升龙、坐龙（团龙）用于构件头部应有一定方向。在枋心内画行龙中部为一个宝珠，两侧的行龙朝向宝珠呈二龙戏珠。找头部位的龙如有一条，头部应朝向枋心并加一个宝珠。如找头较宽可安排两条龙，为一升一降，宝珠放在找头中部，双龙朝向宝珠，也呈二龙戏珠。盒子的龙头不分方向，但尾部在一侧，其尾部朝向枋心一侧。

（5）行龙、升龙、坐龙（团龙）用于构件时头部应有一定方向。在枋心内画行龙，中部为一个宝珠，两侧的行龙朝向宝珠呈二龙戏珠。找头部位的龙如有一条，头部应朝向枋心并加一个宝珠。如找头较宽可安排一升一降的龙（凤）或一升一降的龙凤。宝珠放在找头中部，双龙或双凤或一龙一凤都是头部面向宝珠，呈二龙或龙凤戏珠。盒子的龙头不分方向，但尾部在一侧，其尾部朝向枋心一侧。

3）凤凰的画法

彩画中的凤凰不像龙应用得那样广泛，画法与龙相比相对简单，凤凰在彩画中由于运用部位不同，姿态也不同。但不像龙那样升、降、坐、行分得十分明显确切。各种姿态的凤凰都是由身子趋向而定。画凤凰应掌握头尾的特点，头部的嘴不要画得太长，颈部也不宜过长过细。在构图中尾部应留有足够的余地，以适应凤凰尾飘洒所及的范围。画凤凰如果嘴过长，尾部不明显突出很容易画成仙鹤。尤其运用在盒子中很容易混淆。彩画中画凤凰除身躯贴金体量较大外，翅膀部分往往为齿形散开状，这样有两个好处：一是翅膀玲珑剔透并与其他线条协调一致、体量适当；二是用金量小并节省金箔。凤凰均配牡丹花，配法有两种：一是凤凰嘴叼着牡丹；二是牡丹画在凤凰头部的附近，头与牡丹相互盼顾并不相连。牡丹花与叶多为金琢墨做法，很少做片金。凤凰的周围配云纹，其配置为片金云或金琢墨攒退云。另外，凤凰也有夔凤（草凤）的做法。画法特点基本同夔龙。按凤凰的特点，设计成攒退或片金工艺的姿态，沥粉要明确地沥出翅膀、头、颈、尾等各部位并形成优雅自如的效果。

4）画箍头、线光子、岔角

（1）箍头：箍头如贯套箍头可直接绘制在谱子纸上，贯套箍头有硬箍头和软箍头两种，硬箍头与软箍头调换运用。箍头如做片金，多做西番莲草等纹饰。箍头如做素箍头，可按底色认色拉晕色（和玺彩画的箍头有素箍头与活箍头之分，素箍头又称死箍头，活箍头分为贯套箍头与片金箍头两种。贯套箍头图案为多条不同色彩的带子编结成一定格式的花纹，增加和玺彩画精致的效果。

贯套箍头分为软、硬两种。青箍头画硬贯套图案，主要色彩为青或香色，绿箍头画软贯套图案，主要色彩为绿色和紫色）。

（2）线光子心：要先确定色彩，然后定画的内容，即先按箍头色彩向里排色，如果是青箍头，则线光子心为绿色做菊花，如果箍头为硬贯套箍头也绘菊花图案；反之绿箍头，青线光子心则做灵芝图案。

（3）岔角云多做金琢墨攒退（和玺彩画岔角分两种：一种是岔角云图案，即彩云图案；另一种是黑色线条的切活图案，切活图案如果用于浅蓝色部位为水牙形图案。岔角云多为金琢墨做法，与枋心五彩云相同，为高等级彩画格式。画切活岔角为和玺彩画中较简化的做法）。

5）柱头

（1）柱头的上下箍头之间加盒子，盒子心纹饰与额枋盒子相同，岔角云亦同。

（2）柱头中下部画和玺线，即额枋箍头的线光子部分，上部绘龙纹。

（3）在箍头之上绘海水云气纹饰。

4．扎谱子

将定好稿的谱子按线用谱子针扎孔，大线孔距 0.3mm 左右，细部图纹孔距 0.1mm 左右。

5．磨生过水

也称磨生油地，用砂纸打磨油作所钻过的油灰地仗表层。磨生的作用在于，磨去即将施工地仗表层的浮尘、生油流痕和挂甲等物，使地仗表面形成细微的麻面，从而利于彩画颜料与沥粉牢固地附着在地仗表面。过水，即用净水布擦拭磨过灰油的施工面，彻底擦掉磨痕和浮尘并保持洁净。无论磨生还是过水布，都应该做到无遗漏。

6．分中

在构件上标示中分线，是指在横向大木构件上下两端分别丈量中点并连线，此线即为该构件长向的中分线。同开间同一立面各个构件的分中，均以该间大额枋的分中线为准，向其上下方各个构件作垂直线，即为该间立面横向各构件统一的分中线。分中线是拍谱子时摆放谱子位置的依据，用以确保图案的左右对称。

7．拍谱子

谱子的中线对准构件上的分中线，用粉包（土布子）对谱子均匀地拍打，通过谱子的针孔将纹饰复制在构件上。大线拍后可套拍枋心的龙谱子以及压斗枋的流云或工王云，坐斗枋的龙纹，灶火门的龙纹或三宝珠，以及找头、檩头、柱头、椽头等部位的谱子。

8．摊找活

（1）校正不端正、不清晰的纹饰，补画遗漏的图案。

（2）在构件上直接画出不起谱子的图案及线路，如挑尖梁、三岔头、霸王拳、宝瓶等构件。

（3）摊找活时，纹饰如有谱子的部分应与谱子的纹饰相一致；无谱子部位也应按部位的纹饰要求勾画并应做到相同的图案对称一致。摊找活应做到线路平直，清晰、准确。

9. 号色

按颜色代码对额枋大木以及斗栱等各部位进行标示，用以指导彩画施工的刷色。颜色代码：一（米黄）、二（蛋青）、三（香色）、四（硝红）、五（粉紫）、六（绿）、七（青）、八（黄）、九（紫）、十（黑）、工（红）、丹（樟丹）、白（白色）、金（金色）。

10. 沥粉

（1）沥大粉：根据谱子线路，如箍头线、盒子线、圭线光线、皮条线、岔口线、枋心线均使用粗尖沥双粉，即大粉。双尖大粉宽约1cm，视构件大小而定。双大线每条线宽约0.4～0.5cm。

（2）沥中路粉：中路粉又称单线大粉，根据摊找的线路，如挑檐枋、老角梁、霸王拳、穿插枋头、压斗枋的下边线，雀替的卷草以及斗、升和底部的边线与金老线均沥单线大粉，即二路粉。单线每条线宽约0.4～0.5cm。

（3）沥小粉：和玺彩画的小粉量很大，凡是各心里均有繁密的纹饰，这些纹饰均需要沥粉。小粉的口径约2～3mm，视纹饰图案而定。沥小粉的部位包括椽头的万字与龙眼，枋心、找头、盒子、柱头、坐斗枋、灶火门、由额垫板的龙纹或轱辘阴阳草，圭线光的菊花与灵芝纹，压斗枋的工王云或流云以及檩头与宝瓶的西番莲草等部位纹饰。

11. 刷色

待沥粉干后，先将沥粉轻轻打磨，使沥粉光顺，无飞刺。刷色则先刷绿色，后刷青色。均按色码涂刷（使用1.5～2号刷子）。

刷大色的规则：

（1）额枋与檩枋的刷色：以明间为准，箍头为上青下绿，即檩枋箍头为青色、大额枋的箍头为绿色，次间箍头色彩对调。刷色规则为：绿箍头，绿楞线；青箍头，则为青楞线。

（2）坐斗枋的刷色：坐斗枋刷色为青色。

（3）压斗枋的刷色：压斗枋刷色为青色。

（4）柱头的刷色：柱头箍头为上青色下绿色。

（5）挑檐梁、老角梁、霸王拳、穿插枋头均刷绿色。

（6）斗栱的刷色：斗栱刷色包括各层檩枋的绿、青色以及灶火门大边的绿色和斗、挑尖梁头、昂、翘等部位的青、绿色。斗栱刷色以柱头科为准（包括角科），其挑尖梁头、昂、翘均刷绿色，升斗均刷青色，并以此类推，间隔排列至每间中部，每间斗栱如为双数，则每间中部斗栱为同一颜色。

12. 套色

（1）由额垫板先垫粉色油漆，待干后刷银朱漆（此工序见油漆作）。待银朱漆干透后套阴阳草的三青、三绿、硝红、黄等色。

（2）在枋心与盒子内的云如做攒退云，则套三青、三绿、香、粉紫等色。

（3）在雀替卷草与灵芝套三青、三绿、香、粉紫等色。

13. 包胶

包黄胶可阻止基层对金胶油的吸收，使金胶油更加饱满，从而确保贴金质量。包胶还为打金胶和贴金标示出打金胶及贴金的准确位置，包胶要使用3～10号油画笔。包胶的部位包括：

（1）枋心的枋心线以及龙纹。

（2）岔口线、皮条线、箍头线、盒子的线与盒子里的龙纹和西番莲草，圭线光与菊花、灵芝等。

（3）找头部位的轱辘与卷草。

（4）椽头的龙眼。

（5）老角梁与子角梁的金边和金老。

（6）角梁肚弦的金线与金边。

（7）金宝瓶和霸王拳的金边和金老。

（8）穿插枋头的金边与金老。

（9）压斗枋的金边与工王云或流云。

（10）灶火门的金线和三宝珠火焰。

（11）坐斗枋的龙纹。

（12）柱头的箍头线、海水云气纹饰与龙纹。

（13）由额垫板的阴阳草，雀替的卷草与大边和金老等。

14. 打金胶贴金（基本工艺参见油漆作）

15. 拉晕色

用10～11号油画笔在主要大线一侧或两侧，按所在的底色，即绿色或青色，用三绿色或三青色画拉晕色带。其中，皮条线两侧一青一绿，岔口线一条，枋心线一条。箍头如果是素箍头，则靠金线各拉一条晕色带，副箍头靠金线一侧拉另一种颜色的晕色带。挑尖梁、老角梁、霸王拳等均在边线一侧拉三绿色的晕色带。另外，按规则和玺彩画也有不加晕色直接拉大粉的工艺做法，具体做法按设计要求而定。

16. 拉大粉

在各晕色带上，靠金线一侧或两侧用裁口的3～4号油画笔，画拉白色线条。无晕色和玺彩画则直接画拉白色线条。大粉宽度一般不超过金线宽度。拉大粉的部位包括：枋心线、岔口线、皮条线两侧、箍头线、挑尖梁、老角梁、霸王拳等。

17. 吃小晕

即行粉，在贴金后进行。靠沥粉贴金线里侧于小色之上，即三青、三绿、黄、硝红。用大描笔等蘸白色粉吃小晕。其作用既齐金又增加了色彩的层次。吃小晕的部位包括：找头的卷草，盒子的岔角云，枋心、盒子、柱头的云，垫板阴阳草的攒退。吃小晕的同时点龙的眼白。

18.攒退活

主要是做盒子岔角云、老檐椽头、斗栱板（灶火门）的三宝珠、由额垫板的龙纹及轱辘阴阳草等攒退等处。

1）盒子岔角云攒退：用三青、三绿、黄、硝红色添岔角云底色。用细白粉沿沥粉金线行粉，然后用青、砂绿、章丹、银朱认色攒色。岔角云的青绿色按逆时针的方向添色、攒退，即应伐青顺绿。岔角的黄、硝红色对角调换并行粉攒退。

2）老檐龙眼的攒退：先拍谱子沥龙眼，待干后涂刷二道白色，然后龙眼包黄胶打金胶贴金。以角梁为准，第一个椽头做青色攒退，第二个椽头做绿色攒退，以后按青绿间隔排列，至明间中心位置时，椽头如为双数可做同一颜色。

3）垫栱板（灶火门）三宝珠的攒退：先沥大边的双尖大粉，然后沥三宝珠与火焰。待干后涂刷朱红漆。在油漆工序完成并干透后，将宝珠垫二道白色之后宝珠及火焰打金胶贴金。三宝珠的攒退是以明间灶火门的中线位置为准，其三个宝珠以最上的宝珠为青色攒退即上青下绿。其他灶火门宝珠的攒退作间隔式排列即可。

4）由额垫板的龙纹与轱辘阴阳草的做法：

（1）由额垫板的龙纹做法：在每间做四、六、八等双数龙，视其垫板长度而定。每条龙前部有一个宝珠，开间中部为一个。整间的宝珠则为单数，每侧的龙均应成对。

（2）轱辘阴阳草靠箍头一侧的草为阴草，两阴草之间为阳草，阴阳草互相间隔。应计算其长度，使阴草数量与阳草相等，阴阳草之间间隔要明显。

19.切活

按设计要求，如盒子岔角做切活，则青箍头配二绿色，岔角切水牙图纹；绿箍头配二青色，岔角切草形图纹。

20.拉黑绿

（1）彩画中的黑色绿其主要是起齐金、齐色、增强色彩层次的作用。

（2）在两个相连接构件的鞅角处，如檩与压斗枋、额枋与由额垫板等相交处，均拉黑色绿。要使用2号并裁口的油画笔用墨拉直线。

（3）角梁、霸王拳、穿插枋头、挑尖梁等构件彩画的金老与雀替的金老，均在金老外侧拉黑色绿。

（4）青绿相间退晕老檐椽头的金龙眼，则在金眼外侧圈画黑色绿。

（5）做素箍头和玺彩画则在箍头晕色带之间的中线位置拉黑色绿。

（6）在金龙的眼白处点睛。

21.压黑老

压黑老的作用是增加彩画层次，使图案更加整齐，格调更加沉稳，具体做法如下：

1）在额枋的两端，副箍头外侧，留底色（与晕色带同宽度或略宽）一侧至鞅角处黑老。

2) 斗栱压黑老分两部分：

（1）单线画于栱、昂、翘的正面及侧面，线宽约 3mm。

（2）在各斗、升中画小斗升形黑色块。其中，栱件外侧的黑线末端画乌纱帽形，使线的形状与构件形状相吻合。昂件侧面压黑老做两线交叉抹角八字线，即剪子股。

22．做雀替

（1）雀替的沥粉：雀替的外侧大边无沥粉。雕刻纹饰沥粉贴金。翘升和大边底面各段均沥粉，翘升部分的侧面在中部沥粉贴金做金老。

（2）雀替的刷色：雀替的升固定为蓝色，翘固定为绿色，荷包固定为朱红漆。其弧形的底面各段分别由青绿色间隔刷色。靠升的一段固定为绿色。各段长度逐渐加大，靠升的部分如其中两段过短可将其合为一色。雀替的池子和大草其下部如有山石，则山石固定为蓝色。大草由青、绿、香、紫等色组成。池子的灵芝固定为香色，草固定为绿色。以上各色均拉晕色与套晕并拉大粉和吃小晕。雀替的雕刻花纹的平面底地为朱红漆。

23．打点活

是彩画绘制工程中多项工序已完成后最后一道必不可少的重要程序，是对彩画工程最后的检查和修理。在彩画绘制工程中，由于各种原因，难免出现画错、遗漏、污染等现象，所以应对检查发现出的问题一一加以修正。其程序为，自上而下用彩画原色修理，使颜色同需修理的原色相一致。打点工作要认真负责，从而使绘制工作全部达到验收标准。

任务五　旋子彩画施工工艺及流程

本任务的旋子彩画施工流程是以金琢墨石碾玉旋子彩画为例，几乎包含了旋子彩画中的施工工序，如有不同等级的旋子彩画中的图样及做法不同，施工中参照不同等级旋子彩画方案中的设计进行不同工艺做法的施工流程的安排（图 16-2）。

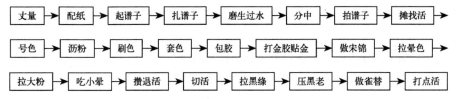

丈量 → 配纸 → 起谱子 → 扎谱子 → 磨生过水 → 分中 → 拍谱子 → 摊找活 →

号色 → 沥粉 → 刷色 → 套色 → 包胶 → 打金胶贴金 → 做宋锦 → 拉晕色 →

拉大粉 → 吃小晕 → 攒退活 → 切活 → 拉黑缘 → 压黑老 → 做雀替 → 打点活

图 16-2　旋子彩画施工流程图

1．丈量

用盒尺对所要施工的椽、檩、垫、枋、柱头、垫板枋等部件作实际测量并记录其名称、尺寸等。

2．配纸

按构件实际尺寸，取一间构件的 1/2。配纸要注明具体构件，具体名称等。

3. 起谱子

即在相应的配纸上用粉笔等摊画出图案的大致轮廓线，然后用铅笔等进一步细画出标准线描图。起谱子的具体操作工艺如下：

1）规划大线：

（1）先定箍头宽：根据规则，金琢墨石碾玉旋子彩画的箍头为死箍头。由于金琢墨石碾玉彩画多画在尺寸较大的构件上，故一般箍头的宽度可定在13～15cm之间。

（2）定枋心：在箍头确定后分三停。即沿箍头线至谱子的另一端分迭三等份，然后在纸的另一端1/3处定枋心。定枋心前将已上下对折的纸再对折一次，使其纸的总高均为四等份。折线一直交于箍头，然后按旋子彩画线特点画枋心头，使枋心头顶至三停线，枋心楞线宽占总高的1/8，即纸对叠后面高的1/4，枋心占3/4高。较大体量构件的大额枋，楞线可按此方法基本确定。

（3）定枋心岔口：枋心定好后，先不要画找头部分，因这时找头画多长，是否加盒子都无法确定，岔口线两线间距离基本等于楞线宽。

（4）定找头部分：由枋心至箍头之间的部分可称找头，另外视其长度是否加盒子，如无加盒子余地，则靠箍头直接画皮条线和栀花；如加盒子在构件上则为方形或立高长方形盒子，盒子两侧的箍头做法相同。总之，旋子彩画的找头与盒子的部位要相互兼顾，每一部分不可太长，尤其要考虑找头部分画什么内容，如一整两破、一整两破加一路、一整两破加金道冠、一整两破加二路、一整两破加勾丝咬、一整两破加喜相逢以及勾丝咬、喜相逢等旋子图案。

2）金琢墨石碾玉旋子彩画中龙的画法：

（1）行龙又称跑龙，是头向前尾向后，中部有一弓腰，顺向向前奔跑的龙，一般用在较长的部位上，如枋心中。在枋心中画龙的步骤为：在枋心周围事先预留一定空隙，视枋心体量大小而定，即"风路"，用虚线画出，以表示龙在虚线内构图。在中部位置（谱子另一端）画宝珠，在谱子上画半个，拍谱子再补齐规整。宝珠的火焰的长宽视枋心长短而定。画龙头与身的位置，使其去向合理、匀称、有力。添四肢与尾部，使四肢与龙身各部的距离、位置基本匀称。细画龙头，包括犄角、须发等长短体量与龙身对照匀称恰当。画龙脊、脊刺和示意龙的鳞及尾部。画爪及肘毛：在龙身部位空隙中灵活处理，无固定格式。画火焰：主要一组画在腰上部向后飘动。在各空余部位加片金云或攒退云。

（2）坐龙的画法：坐龙又称团龙，多画在圆形部位内，如用于盒子里面。坐龙的姿态端正，头部及宝珠均居中，四肢位置匀称。坐龙的身躯走向为：开始由头部上翻弯转，向下呈盘状，这部分结构不同于行龙、降龙。由于构图的限制，两腿之间距离较远。行龙、坐龙（团龙）用于构件头部应有一定方向。在枋心内画行龙，中部为一个宝珠，两侧的行龙朝向宝珠呈二龙戏珠。盒子的龙头不分方向，其尾部朝向枋心一侧。

（3）画岔角和素箍头：

箍头为素箍头，可按底色认色拉晕色。

盒子岔角做切活，按设计要求，如盒子岔角做切活，则青箍头配二绿色，岔角切水牙图纹，绿箍头配二青色，岔角切草形图纹。

4. 扎谱子

将牛皮纸上画好的大线与纹饰用扎谱子针扎孔。扎谱子的工艺如下：

（1）将大线按所需宽度用红墨水重新拉画，然后按红墨水两侧扎孔，孔距间隔为 3mm 左右。

（2）将纹饰图案按线扎孔，孔距间隔为 1mm 左右。

5. 磨生过水

也称磨生油地。用砂纸打磨油作所钻过的并已经充分干透的油灰地仗表层。磨生的作用在于：一是磨去即将施工地仗表层的浮尘、生油流痕和生油挂甲等物；二是使地仗表面形成细微的麻面，从而利于彩画颜料与沥粉牢固地附着在地仗表面。过水，即用净水布擦拭磨过生油的施工面，彻底擦掉磨痕和浮尘并保持洁净。无论磨生还是过水布，都应该做到无遗漏。

6. 分中

在构件上标示中分线，是在横向大木构件上下两端分别丈量中点并连线，此线即为该构件长向的中分线。同开间同一立面相同的各个构件的分中，如檩、垫板、下枋等均以该间的大额枋的分中线为准，向其上下方向各个构件作垂直线，即为该间立面横向各构件统一的分中线。分中线是拍谱子时摆放谱子位置的依据，用以保证图案的左右对称。

7. 拍谱子

将谱子的中线对准部件上的分中线，用粉包〝土布子〞对谱子均匀地拍打，将粉包内的滑石粉透过谱子的针孔漏出，从而将纹饰复制在部件上。大线拍后可套拍枋心的龙纹与宋锦谱子以及坐斗枋的降魔云，灶火门的三宝珠，以及檩头、柱头、椽头等部位的谱子。

8. 摊找活

（1）对不端正、不清晰的纹饰进行校正，补画遗漏的图案。

（2）在构件上直接画出不起谱子的图案及线路，如挑尖梁、三岔头、霸王拳、宝瓶等构件。

（3）摊找活时纹饰如有谱子应与谱子的纹饰相一致，无谱子部位也应按该部位的纹饰要求勾画，并应做到相同的图案对称一致。摊找活应做到线路平直，清晰、准确。

9. 号色

对额枋大木以及斗栱等各部位标示细部的颜色代码，用以指导彩画施工的刷色。颜色代码：一（米黄）、二（蛋青）、三（香色）、四（硝红）、五（粉紫）、六（绿）、七（青）、八（黄）、九（紫）、十（黑）、工（红）、丹（章丹）、白（白色）、金（金色）。

10. 沥粉

（1）沥大粉：根据谱子线路，如箍头线、盒子线、皮条线、岔口线、枋心线均使用粗尖沥双粉，即大粉。双尖大粉宽约1cm，视构件大小而定，双线每条线宽约0.4～0.5cm。

（2）沥中路粉：中路粉又称单线大粉，根据摊找的线路，如挑檐枋、老角梁、霸王拳、穿插枋头、压斗枋的下边线，雀替的卷草以及斗、升和底部的边线与金老线均沥中路粉。

（3）沥小粉：旋子彩画的小粉量很大，凡是各心里均有繁密的纹饰，这些纹饰均沥粉。小粉的口径约2～3mm，视纹饰图案而定。沥小粉的部位包括椽头的万字与龙眼，枋心青地的龙纹以及宋锦的沥粉；由额垫板的金轱辘阴阳草的沥粉；找头、柱头部位旋花及线、菱角地、旋眼、栀花，宝剑头的沥粉；盒子的青地的龙纹、绿地的西番莲，坐斗枋降魔云的栀花，灶火门的三宝珠及火焰和宝瓶的西番莲草等部位纹饰的沥粉。

11. 刷色

待沥粉干后，先将沥粉轻轻打磨，使沥粉光顺无飞刺。刷色则先刷绿色，后刷青色。均按色码涂刷（使用1～2号刷子、中白云笔）。刷大色的规则：

（1）额枋与檩枋的刷色：以明间为准，箍头为上青下绿，即檩枋箍头为青色，大额枋的箍头为绿色，次间箍头色彩对调。找头部位的旋花刷色规则为：绿箍头，绿楞（线）绿栀花，青箍头，青楞（线）青栀花。

（2）坐斗枋的刷色：坐斗枋降魔云刷色按规则为上青下绿，即上升云刷青色，下降云刷绿色，而青云刷绿栀花，绿云刷青栀花。

（3）压斗枋均刷青色。

（4）柱头的刷色：柱头箍头为上青下绿，旋花一路瓣为绿色，二路瓣为青色并间隔刷色。旋花瓣外栀花地均刷青色。

（5）由额垫板的做法：由额垫板先垫粉色油漆，待干后刷银朱漆（此工序见油漆作）。银朱漆干透后套刷阴阳草的三青、三绿、硝红、黄等色，雀替刷色同上。

（6）挑檐梁、老角梁、霸王拳、穿插枋头均刷绿色。

（7）斗栱的刷色：斗栱刷色包括各里层檩枋的绿、青色以及灶火门大边的绿色和斗、挑尖梁头、昂、翘等部位的青、绿色。斗栱刷色以柱头科为准（包括角科），其挑尖梁头、昂、翘均刷绿色，斗均刷青色并以此类推，间隔排列至每间中部，每间斗栱如为双数，则每间中部斗栱为同一颜色。

12. 套色

（1）各旋花瓣以及栀花内靠沥粉金线一侧认色拉晕色（即一路、二路、三路瓣）。

（2）由额垫板轱辘心和阴阳草内套三青色与三绿色。

（3）坐斗枋的降魔云内的栀花认色拉晕色。

（4）雀替卷草与灵芝套三青、三绿、香、粉紫等色。

(5) 宋锦的刷色：按规则为整青即二青色，破绿即二绿色。

13. 包胶

包黄胶可阻止基层对金胶油的吸收，使金胶油更加饱满，从而确保贴金质量。包胶还为打金胶和贴金标示出打金胶及贴金的准确位置，包胶要使用3～10号油画笔。包胶的部位包括：

(1) 枋心的枋心线以及龙纹与宋锦。

(2) 岔口线、皮条线、箍头线、盒子线与盒子里的龙纹和西番莲草等。

(3) 找头部位的旋花线、旋花瓣、旋眼、栀花。

(4) 椽头的龙眼、万字、老角梁与仔角梁的金边和金老。

(5) 角梁肚弦的金线与金边。

(6) 金宝瓶和霸王拳的金边和金老。

(7) 穿插枋头的金边与金老。

(8) 压斗枋的金边。

(9) 灶火门的金线和三宝珠。

(10) 坐斗枋的降魔云大线与栀花。

(11) 柱头的箍头线与旋花线、旋花瓣、旋眼、栀花。

(12) 由额垫板的阴阳草。

(13) 雀替的卷草与大边和金老等。

14. 打金胶贴金（基本工艺参见油漆作）

15. 做宋锦

在沥小粉、刷二青、二绿色后，打金胶贴金后，在片金轱辘心中刷青色。其他操作工艺步骤（二维码16-1）：

二维码16-1 做宋锦

(1) 拉紫色带子连接于各轱辘之间，带子宽约1cm。

(2) 拉香色带子连接于各栀花之间，拉香色带子同时绕栀花四周圈画。在遇紫色带子交叉处时香色压紫色，拉香色带子沿二青色与二绿色块分界线画，宽度同紫色带子。

(3) 画白色别子：别子画在香色与紫色带子相交之处，压香色留紫色，白色别子均涂刷两遍。

(4) 画红色别子：在白色别子上，画两条红丹色，里粗外细，同时在各带子之间的方块内点红丹点，备作红花心。

(5) 在各条带子外侧拉黑线（用裁口的2～3号油画笔）。黑线占香紫色带宽的1/5。

(6) 在各条带子中间拉白色线，粗细同黑线，同时在各方块内，红花心周围画白色花瓣，每朵画八瓣，四大四小（用叶筋笔）。

(7) 在白色花瓣之间画黑色圆点并加"须"。

16. 拉晕色

在主要大线一侧或两侧，按所在的底色，即绿色或青色，用三绿色或三青色画拉晕色带（使用10～11号油画笔）。拉晕色的部位包括：

(1) 箍头则靠金线各拉一条晕色带，副箍头靠金线一侧拉另一种颜色的晕色带。

(2) 皮条线两侧拉一青一绿晕色带。

(3) 岔口线靠金线拉一条晕色带。

(4) 枋心线则靠金线拉一条晕色带。

(5) 压斗枋沿下部靠金线拉一条晕色带。

(6) 坐斗枋的降魔云靠金线认色各拉一条晕色带。

(7) 挑尖梁、老角梁、霸王拳、穿插枋头等均在边线一侧拉三绿色的晕色带。

(8) 雀替的仰头沿金线大边一侧认色各拉一条晕色带。

17. 拉大粉

在各晕色上，靠金线一侧拉白色线条（使用裁口的 3～4 号油画笔）。大粉一般不超过金线的宽度。

拉大粉的部位包括：

(1) 箍头内靠金线各拉一条大粉，副箍头靠金线一侧拉一条大粉；

(2) 皮条线两侧各拉一条大粉；

(3) 岔口线靠金线拉一条大粉；

(4) 枋心线则靠金线拉一条大粉；

(5) 压斗枋沿下部靠金线拉一条大粉；

(6) 坐斗枋的降魔云靠金线各拉一条大粉；

(7) 挑尖梁、老角梁、霸王拳、穿插枋头等均在边线一侧拉一条大粉；

(8) 雀替的仰头沿金线大边一侧拉一条大粉。

18. 吃小晕（即行粉）

(1) 在套色"晕"之上，靠石碾玉旋子金线一侧画较细的白色线（用叶筋笔或大描笔）。

(2) 在由额垫板的金轱辘卷草均靠金线一侧行粉。

(3) 吃小晕"行粉"既起到齐金的作用又起到增加色彩层次的作用。

(4) 点金龙的眼白。

19. 攒退活

主要是老檐椽头、斗栱板（灶火门）的三宝珠，由额垫板的轱辘阴阳草等。攒退活的做法：

(1) 老檐龙眼的攒退：先拍谱子沥龙眼，待干后涂刷两道白色，然后龙眼包黄胶打金胶贴金。以角梁为准，第一个椽头做青色攒退，第二个椽头做绿色攒退，以后按青绿色间隔排列，至明间中心位置时，椽头如为双数可做同一颜色。

(2) 斗栱板（灶火门）三宝珠的攒退：先拍谱子沥大边的双尖大粉，然后沥三宝珠与火焰，待干后涂刷朱红漆，在油漆工序完成并干透后，将宝珠垫两道白色之后宝珠及火焰打金胶贴金。三宝珠的攒退是以明间灶火门的中线位置为准，其三个宝珠以最上的宝珠为青色攒退即上青下绿，其他灶火门宝珠的攒退作间隔式排列即可。

(3) 由额垫板的金轱辘卷草均攒退：用青、砂绿色分别认色攒退金轱辘心与卷草。

20. 切活

按设计要求，如盒子岔角做切活，则青箍头配二绿色，岔角切水牙图纹；绿箍头配二青色，岔角切草形图纹（使用 2 号并裁口的油画笔用墨拉直线，用大描笔切草和水牙）。

21. 拉黑绦

(1) 彩画中的黑色绦其主要是起齐金、齐色，增强色彩层次的作用。

(2) 在两个相连接构件的鞅角处（如檩与压斗枋、额枋与由额垫板等相交处）均拉黑色绦。

(3) 角梁、霸王拳、穿插枋头、挑尖梁、三岔头等构件彩画的金老与雀替的金老均于金老外侧拉黑色绦。

(4) 青绿相间退晕老檐椽头的金龙眼，则在金眼外侧圈画黑色绦。

(5) 在箍头晕色带之间的中线位置拉黑色绦。

22. 压黑老

(1) 压黑老的作用是增加彩画层次，使图案更加整齐，格调更加沉稳。

(2) 在额枋的两端，副箍头外侧，留底色（与晕色带同宽度或略宽）的一侧至鞅角处压黑老。斗栱压黑老分两部分。

(3) 单线画于栱、昂、翘的正面及侧面，线宽约 3mm。

(4) 在各斗与升中画小斗升形黑色块，其中栱件外侧的黑线末端画乌纱帽形状，使"老"线形状与构件形状相吻合。昂件侧面压黑老做两线交叉抹角八字线，即"剪子股"。

23. 做雀替

(1) 雀替的沥粉：雀替的外侧大边无沥粉，雕刻纹饰沥粉贴金，翘升和大边底面各段均沥粉，翘升部分的侧面在中部沥粉贴金做金老。

(2) 雀替的刷色：雀替的升固定为蓝色，翘固定为绿色，荷包固定为朱红漆，其弧形的底面各段分别由青绿色间隔刷色，靠升的一段固定为绿色，各段长度逐渐加大，靠升的部分如其中两段过短可将其合为一色。雀替的池子和大草其下部如有山石，则山石固定为蓝色。大草由青、绿、香、紫等色组成。池子的灵芝固定为香色，草固定为绿色。以上各色均拉晕色与套晕和拉大粉与吃小晕。雀替的雕刻花纹的平面底地为朱红漆。

24. 打点活

是彩画绘制工程中多项工序已完成后最后一道必不可少的重要程序，是对彩画工程最后的检查和修理。在彩画绘制工程中，由于各种原因，难免出现画错、遗漏、污染等现象，所以应对检查发现的问题一一加以修正。其程序为：自上而下用使用彩画原色检查修理，使颜色同需修理的原色相一致。打点工作要认真负责，从而使绘制工作全部达到验收标准。

任务六　雄黄玉旋子彩画施工工艺及流程

本任务适用于梁枋等大木构件的雄黄玉旋子彩画（图16-3）。

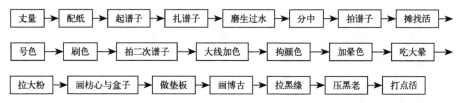

图16-3　雄黄玉旋子
彩画施工流程图

1. 丈量

用盒尺对所要施工的椽、檩、垫、枋、柱头等部件作实际测量并记录其名称、尺寸等。

2. 配纸

即拼接谱子纸，为下一步起谱子作准备。按构件实际尺寸，取一间构件的1/2，配纸要注明具体构件和具体名称等。

3. 起谱子

即在相应的配纸上用粉笔等摊画出图案的大致轮廓线，然后用铅笔等进一步细画出标准线描图。起谱子的具体操作工艺如下。

1）规划大线

（1）先定箍头宽：根据彩画规则，雄黄玉旋子彩画的箍头为死箍头。由于雄黄玉彩画多画在尺寸较小的构件上，故一般箍头宽可在10～12cm之间。

（2）定枋心：在箍头确定后分三停，即沿箍头线至谱子的另一端分送三等份，然后在纸的另一端1/3处定枋心，定枋心前将已上下对折的纸再对折一次，使其纸的总高均为四等份，折线一直交于箍头，然后按旋子彩画线特点画枋心头，使枋心头顶至三停线。枋心楞线宽占总高的1/8，即纸对送后面高的1/4，枋心占3/4高。

（3）定枋心岔口：枋心定好后，先不要画找头部分，因这时找头画多长，是否加盒子都无法确定。岔口线两线间距离基本等于楞线宽。

（4）定找头部分：由枋心至箍头之间的部分称找头，另外视其长度是否加盒子即方池子，如无加池子余地，则靠箍头直接画皮条线和栀花。如加池子在构件上则为方形或立高长方形盒子，盒子两侧的箍头做法相同。

总之，旋子彩画的找头与盒子的部位要相互兼顾，每一部分不可太长，尤其要考虑找头部分画什么，如一整两破，一整两破加一路，一整两破加金道冠，一整两破加二路，一整两破加勾丝咬，一整两破加喜相逢以及勾丝咬与喜相逢等旋花图案。旋子彩画中斜线角度均为60°。

（5）垫板起卡子和蝠磬：每两个卡子和一个蝠磬为一组，每组两个卡子中间放蝠磬，垫板一般安排画三组（以构件长度而定）。卡子和蝠磬因为是颜色攒退做法，所以起卡子和蝠磬的谱子时，图案应略宽，以留有攒退的余地。

（6）飞檐椽头：绿地黄万字；绿地黄栀花。

（7）老檐椽头：做虎眼椽头。

2）雄黄玉旋子彩画中夔龙的画法

夔龙是头部向前尾向后，中部有一弓腰，顺向向前奔跑的龙纹，一般用在较长的部位上，如枋心中。在枋心中画夔龙的步骤为：

（1）在枋心周围事先预留一定空隙，以枋心体量大小而定，即"风路"用虚线画出，以表示龙在虚线内构图。

（2）在中部位置（谱子另一端）画宝珠，在谱子上画半个，拍谱子再补齐规整。宝珠的火焰的长宽以枋心长短而定。

（3）画夔龙头与身的位置时，应使其去向合理、匀称。

（4）画火焰：主要一组画在腰上部向后飘动。

（5）雄黄玉旋子彩画中夔龙的画法为攒退做法的形式，所以起谱子时，图案应略宽，以留有攒退的余地。

4. 扎谱子

将牛皮纸上画好的大线与纹饰用扎谱子针扎孔。扎谱子的工艺如下：

（1）将大线按所需宽度用红墨水重新拉画，然后按红墨水两侧扎孔，孔距间隔为 3mm 左右。

（2）将纹饰图案按线扎孔，孔距间隔为 1mm 左右。

5. 磨生过水

也称磨生油地，即使用砂纸打磨油作所钻过的并已经充分干透的油灰地仗表层。磨生的作用在于：一是磨去即将彩画施工地仗表层的浮尘与生油流痕和生油挂甲等物；二是使地仗表面形成细微的麻面，从而利于彩画颜料与沥粉牢固地附着在地仗表面。过水，即用净水布擦拭磨过生油的施工面，彻底擦掉磨痕和浮尘并保持洁净。无论磨生还是过水布，都应该做到无遗漏。

6. 分中

在构件上标示中分线，在横向大木构件上下两端分别丈量叶中线并连线，此线即为该构件长向的中分线，同开间同一立面相同的各个构件的分中，如檩、垫、枋等均以该间大额枋的分中线为准，向其上下方各个构件作垂直线，即为该间立面横向各构件统一的分中线。分中线是拍谱子时摆放谱子位置的依据，用以保证图案的左右对称。

7. 拍谱子

谱子的中线对准构件上的分中线，用粉包（土布子）对谱子均匀地拍打，将大线等纹饰线路复制在构件上。

8. 摊找活

（1）校正不端正与不清晰的纹饰，补画遗漏的图案。

（2）在构件上直接画出不起谱子的图案及线路，摊找活时纹饰如有谱子应与谱子的纹饰相一致，无谱子部位也应按该部位的纹饰要求勾画，并应做到相同的图案对称一致。摊找活应做到线路平直，清晰、准确。

9. 号色

按规则预先对额枋大木等各部位标示细部的颜色代码（使用粉笔）。用以指导彩画施工的刷色。颜色代码：一（米黄）、二（蛋青）、三（香色）、四（硝红）、五（粉紫）、六（绿）、七（青）、八（黄）、九（紫）、十（黑）、工（红）、丹（章丹）、白（白色）、金（金色）。

10. 刷色

先刷绿色后刷青色，均按色码涂刷。刷大色的规则：

（1）额枋与檩枋的刷色：底色分雄黄、青、绿。先刷雄黄，后刷绿色，再刷青色，分出大的色块以及部位。箍头盒子的部位做池子，刷青绿色，以明间为准上青下绿，次间为上绿下青。

（2）枋心刷色：枋心刷青与绿色（画夔龙与黑叶子花）。

（3）柁头刷两道白色画博古。

（4）柱头、垫板刷雄黄。

11. 拍二次谱子

底色干后为大片颜色的色块，看不出箍头与找头和各部位的线路，需要重新套拍大线谱子，拍上箍头、找头、皮条线、岔口线等细部线条，以便按线施工。

12. 大线加色

按谱子轮廓，根据彩画规则进行青绿排色，但是青绿色均画在雄黄底色上面，如青箍头，则在青箍头内的晕色部位用群青画两条色带。其他部位处理方式相同。

13. 拘颜色

在找头与柁头帮的旋花瓣上，按青绿排色规则，用青或绿勾各路旋花瓣的轮廓，空余之处仍露出雄黄底色（使用修理，砸圆并裁口的 6～8 号油画笔）。

14. 加晕色

即在箍头线、枋心线、皮条线、岔口线的青绿色带上，用晕色堆晕，即青色带用三青色退，绿色带用三绿色退。

15. 吃大晕

在拘颜色的各路旋花瓣上认色退晕。

16. 拉大粉

在箍头线、盒子线、栀花线、皮条线、岔口线、枋心线等晕的上面用细笔画白色线条。其规则为：

（1）各部分线条粗细相同。

（2）皮条线在青绿晕色交界之处，画单白线。

17. 画枋心与盒子

画枋心与盒子里的内容分别按各自的工艺进行，如在枋心的蓝心画夔龙，则在蓝色上拍夔龙谱子，用香色画龙纹，待色干后开白粉攒深香色。在绿心画黑叶子花，则在所画花头部位先垫白色两道，然后垫所要画花的底色，再开染。最后，用黑烟子蘸点章丹色插枝叶并撕叶筋。盒子蓝心画海石蝠寿，绿心画海屋添寿等图案。

18. 做垫板

垫板做卡子和蝠磬图案，存雄黄的底色上，以每两个卡子和一个蝠磬为一组，每组两个卡子中间放蝠磬，垫板一般安排画三组（以构件长度而定）。用三绿色垛卡子，用三青色垛蝠磬。待色干后分别开白粉攒退，卡子攒退为砂绿色，蝠磬攒退为群青色。

19. 画博古

（1）起稿：用粉笔或铅笔在生油地仗上打稿，起稿包括画博古和画格子线，格子线既造成摆放博古的空间，又使其呈仰视效果。但是由于构件和构图的限制不可能完全一致，所以格子只是一种象征性的装饰。

（2）画格子的三个面，即顶部的深石山青色与立面的浅石山青色和底部的白色，三色的相交处即"窝角"，不应被所要画的博古遮挡，否则无法表现三个色面的立体感。

（3）画博古：博古的内容很多，其中有各种色彩的瓷器、书卷、画轴、笔砚、珊瑚以及各种造型的青铜器。画博古即涂抹色彩，既要器皿组合恰当，还要色彩稳重，大方有立体感。

（4）在桁头边画拉黄色大边并拉黑绿齐色。

20. 拉黑绿

彩画中的黑色绿其主要是起齐金、齐色，增强色彩层次的作用。

（1）在两个相连接构件的鞅角处，如檩与压斗枋，额枋与由额垫板等相交处均拉黑色绿（使用2～3号并裁口的油画笔用墨拉直线）。

（2）在箍头晕色带之间的中线位置拉黑色绿。

（3）在夔龙的眼白处点睛。

21. 压黑老

压黑老的作用是增加彩画层次，使图案更加整齐，格调更加沉稳。在额枋的两端，副箍头外侧，留底色（与晕色带同宽度或略宽）的一侧至鞅角处压黑老。

22. 打点活

是彩画绘制工程中多项工序已完成后最后一道必不可少的重要程序，是对彩画工程最后的检查和修理。在彩画绘制工程中，由于各种原因，难免出现画错、遗漏、污染等物，所以应对检查发现的问题——加以修正。其程序为，自上而下用彩画原色修理，使颜色同需要修理的原色相一致。打点工作要认真负责，从而使绘制工作全部达到验收标准。

任务七　苏式彩画施工工艺及流程

苏式彩画施工流程是以高等级的金琢墨苏式彩画为例，几乎包含了苏式彩画中的施工工序，如有不同等级的苏式彩画中的图样及做法，施工中参照不同等级苏画方案中的设计进行不同工艺做法的施工流程的安排（图16-4）。

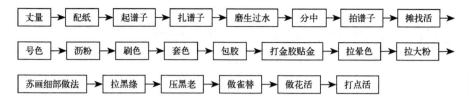

图 16-4　苏式彩画施
工流程图

1. 丈量

用盒尺对所要施工的椽、檩、垫、枋、垫板枋等部件作实际测量并记录其名称、尺寸等。

2. 配纸

即拼接谱子纸，为下一步起谱子作准备。按构件实际尺寸，取一间构件的 1/2。配纸要注明具体构件、具体名称等。

3. 起扎谱子

即在相应的配纸上用粉笔等摊画出图案的大致轮廓线，然后用铅笔等进一步细画出标准线描图并用扎谱子针扎孔。起谱子的具体操作工艺如下。

规划大线：

（1）先定箍头宽：根据彩画规则，金琢墨苏画的箍头为活箍头，故一般箍头宽度可定在 12～14cm 之间。

（2）定包袱：在箍头确定后，按檩、垫、枋的高起包袱或枋心的谱子。一般包袱（半个）的宽度占箍头线以里的 1/2（以构件的大小而定）。

（3）画卡子：做金琢墨卡子或金琢墨加片金卡子。由于花纹退晕层次较多，故卡子纹路的造型应相应加宽，但仍要使底色有一定的宽度，以使色彩鲜明，纹饰突出。

（4）画椽头：飞檐椽头起片金万字或片金栀花，老檐椽头起福寿字或蝠寿图案等谱子。

（5）在以上所起谱子上均扎孔备用。

具体见谱子制作章节。

4. 磨生过水

也称磨生油地，即使用砂纸打磨油作所钻过的并已经充分干透的油灰地仗表层。磨生的作用在于：一是磨去即将彩画施工地仗表层的浮尘与生油流痕和生油挂甲等物；二是使地仗表面形成细微的麻面，从而利于彩画颜料与沥粉牢固地附着在地仗表面。过水，即用净水布擦拭磨过生油的施工面，彻底擦掉磨痕和浮尘并保持洁净。无论磨生还是过水布，都应该做到无遗漏。

5. 分中

在构件上标示中分线，是在横向大木构件上下两端分别丈量中点并连线，此线即为该构件长向的中分线。同开间同一立面相同的各个构件的分中，如檩、垫、枋等均以该间的大额枋分中线为准，向其上下方各个构件作垂直线，即为该间立面横向各构件统一的分中线。分中线是拍谱子时摆放谱子位置的依据，用以保证图案的左右对称。

6. 拍谱子

将谱子的中线对准构件上的分中线，用粉包（土布子）对谱子均匀地拍打，将纹饰复制在构件上。金琢墨苏式彩画所拍谱子的部位是：箍头线，包袱，卡子，椽头等。

7. 摊找活

1）校正不端正与不清晰的纹饰，补画遗漏的图案。

2）在构件上画不起谱子的图案及线路：

（1）摊画找头刷青色部位的聚锦壳。卡子拍完后，在包袱与卡子之间的空地画聚锦的轮廓和聚锦的捻头即叶子与寿带。画聚锦的数量可根据找头的空地而定。同一间聚锦的轮廓纹饰应有所变化，画聚锦的轮廓时，要注意与卡子保持适当的距离，同时不要将聚锦的一侧与包袱全部相连，应留适当的空隙。然后画聚锦叶子与寿带，按金琢墨攒退的图案设计。

（2）摊画挑尖梁与三岔头等构件。摊找活时，纹饰如有谱子的部分应与谱子的纹饰相一致，无谱子部位应与彩画规则的饰样相一致。摊找活应做到线路平直，清晰、准确。

8. 号色

预先对额枋大木以及斗栱等各部位标示细部的颜色代码，用以指导彩画施工的刷色。颜色代码：一（米黄）、二（蛋青）、三（香色）、四（硝红）、五（粉紫）、六（绿）、七（青）、八（黄）、九（紫）、十（黑）、工（红）、丹（章丹）、白（白色）、金（金色）。

9. 沥粉

（1）沥大粉：根据谱子线路，如箍头线，使用粗尖沥双粉，即大粉。双尖大粉宽约 1cm，以构件的大小而定。双线的每条线宽约 0.4~0.5cm。

（2）沥中路粉：中路粉又称单线大粉，根据谱子与摊找的线路，如包袱线，聚锦壳线，垫板池子线，枋头边框线，挑檐枋与老角梁和穿插枋头，雀替的卷草边线以及斗与升和底部的边线与金老线均沥中路粉。

（3）沥小粉：金琢墨苏式彩画的小粉量很大，凡是各心里均有繁密的纹饰，这些纹饰均沥粉。小粉的口径约 2~3mm，以纹饰图案而定。沥小粉的部位包括椽头的万字或栀花，以及老檐椽头的边框，箍头心与卡子等部位的纹饰。

10. 刷色

待沥粉干后，先将沥粉轻轻打磨，使沥粉光顺无飞刺。刷色应先刷绿色，然后刷青色。均按色码涂刷。刷大色的部位包括：

（1）额枋与檩枋的刷色：以明间为准，箍头为上青下绿色，即檩枋箍头为青色，额枋的箍头为绿色，次间箍头色彩对调。

（2）刷垫板的红色，先将垫板刷章丹，待干后刷红色。

（3）刷箍头的黑色连珠带做连珠或刷白色做方格锦。

（4）刷包袱：根据预先设计的包袱内容分别满刷白色和接天地。接天地系指包袱内画风景或花鸟，将天空部分染成浅蓝色（浅黄或浅绿色等均可）。接天地的步骤为：先将包袱垫白，待干后将包袱在枋、垫与檩的下部分（占檩的1/3）刷白色，然后在檩的上部分（占檩的2/3）刷石山青色并与下部白色分染润开，使其均匀过渡。

(5) 刷白色于包袱的烟云筒及托子。

(6) 每个包袱两侧的聚锦其颜色应有所变化，所以聚锦各刷一白色，一旧绢色。

(7) 挑檐梁、老角梁、穿插枋头均刷绿色。

(8) 斗栱的刷色：斗栱刷色包括各层檩枋的绿色与青色，以及灶火门大边的绿色和斗、挑尖梁头、昂、翘等部位的青色与绿色。斗栱刷色以柱头科为准（包括角科），其挑尖梁头、昂、翘均刷绿色，斗均刷青色，并以此类推间隔排列至每间中部，每间斗栱如为双数，则每间中部斗栱为同一颜色。

(9) 刷柱头箍头连珠带上部的章丹色。

(10) 刷柁头帮（侧面与底面）的石山青色或香色。

(11) 刷包袱与聚锦和柁头的白色（刷两道）。最后刷小体量的聚锦叶或寿带。聚锦叶刷三绿色，寿带刷硝红色。

11. 套色

在绿找头的软卡子上套硝红。在红色垫板的软卡子上套三绿色。在青找头的硬卡子上套香色。

12. 包胶

包黄胶可阻止基层对金胶油的吸收，使金胶油更加饱满，从而确保贴金质量。包胶还为打金胶和贴金标示出操作的准确位置（使用3～8号油画笔）。包胶的部位包括：

(1) 老檐椽头的边框。

(2) 找头部位的卡子。

(3) 箍头线，箍头里的纹饰，包袱线，聚锦、叶子、寿带线等。

(4) 柁头边框线。

(5) 挑檐梁、老角梁、穿插枋头等的边框及金老线。

13. 打金胶贴金（基本工艺参见油漆作）

14. 拉晕色

在主要大线一侧或两侧，按所在的底色，即绿色或青色，用三绿色或三青色画拉晕色带。拉晕色的部位包括：

(1) 副箍头靠金线一侧拉晕色带。

(2) 挑尖梁、老角梁、穿插枋头等均在边线一侧拉三绿色的晕色带。

15. 拉大粉

在各晕色上，靠金线一侧画拉白色线条。大粉宽度一般不超过金线宽度（使用裁口的3～4号油画笔）。拉大粉的部位包括：箍头线、挑尖梁、老角梁等。

16．苏画细部做法

1）包袱

即包袱画，内容包括各种主题的绘画，它用各种绘画技法表现于构件上的包袱内。其主要表现技法有以下几种：

（1）硬抹石开：即传统工笔重彩绘画在构件上的运用，主要适于表现人物故事和线法风景以及花鸟图案。线法山水主要适于表现中国传统园林建筑的风景画，画面除山峦、树木、水景外均绘有各种建筑并以此为主景，如亭、廊、轩、桥等。画线法的各种建筑均在铺色后用线条勾勒轮廓，绘画勾线时均使用戒尺，类似界画，这也是得其名"线法"的原因。绘画工艺的步骤：

①用铅笔或碳条将包袱的烟云及烟云筒的大体轮廓位置预先勾勒，以便确定绘画画面的大致位置以及为下一步骤的退烟云提供便利。

②打底稿：用铅笔或碳条在白色地上打底稿，以确定图案在画面的位置。

③垫色：在画好底稿之后，按需要平涂底色，彩画称抹色。例：如画人物，大红色的衣服用章丹色垫底，绿色的衣服用二绿或三绿色垫底色，蓝色用二青或三青或湖蓝色垫底色，其颜色均为平涂色。

④勾线：彩画称开线，在平涂色的基础上，用相同、较深的颜色勾线，勾勒出物体的轮廓。

⑤染色：根据底色的颜色，在勾勒线与垫色的基础上认色分染。

⑥嵌粉：为表达所画物体的层次与亮度，在勾线的基础上，沿所勾线以里的边缘勾勒白粉或浅色。

（2）落墨搭色：泛指人物画和墨山水，花鸟工笔与走兽等的绘画技法。

绘画工艺步骤：

①用铅笔或碳条将包袱的烟云及烟云筒的大体轮廓位置预先勾勒，以便确定图案画面的大致位置以及为下一步骤的退烟云提供便利。

②打底稿：用铅笔或碳条在包袱的白色地上打底稿，确定图案在画面的位置。

③落墨与渲染：即勾墨线，是最后的定稿，因此要求落墨要准确无误。渲染则错落有序，层次分明。人物形象与衣纹，走兽的造型与神态，山石树木的皴法，均用墨的形式来体现并形成层次鲜明的图案。

④罩矾水：用热水将白矾化开，加入少量的骨胶液，待凉后用白云笔蘸矾水罩在墨色之上，使墨色牢固地附着于画面之上。

⑤罩色：根据物体的色彩，将色彩罩于墨色之上。所罩染的色彩应轻淡而要有一定的透明度，不能完全覆盖于墨色而影响墨色的光泽与效果。同时根据需要，可分批次罩染，然后用深色加染，以增加色彩的色度以及立体感。

（3）洋山水：其特点是画面开阔，其中的山景及树木与建筑极富于立体感，也极具装饰性。

绘画技法的步骤：

①用铅笔或碳条将包袱的烟云及烟云筒的大体轮廓位置预先勾勒，以便

确定图案在画面的大致位置，为下一步骤的退烟云提供便利。

②打底稿：用铅笔或碳条在包袱的已接天地的画面上打底稿，确定山水景及树木与建筑画面的具体位置。

③在檩与垫板之间画山景，山景不高于檩的1/2，不低于垫板上部的1/2，它同时也可以做画面的水平线（为达到画面较远的视觉效果，画面的水平线不能高于垫板枋的1/2的位置）。

④在枋的上部与垫板下部分染水景，近深远浅。

⑤用墨色或淡墨色画由远至近的地平与地坡以及地坡边的山石，同时在其上加色画路面以及远处的草木和建筑物，然后在近景处加建筑物与树木、花草、山石、小桥、小船、篱笆等。画建筑物和树木，山石与小桥，小船与篱笆等，应先按其物体的轮廓垫墨色或淡墨色，然后逐步加色找阳，其用途是为了达到画面及物体稳重的视觉效果。

⑥在山景上部以及建筑物和地坡边的山石、树木、小桥、小船、篱笆等处找阳（光）。

2）退烟云

退烟云包括退烟云与托子两部分。是在包袱画面完成后进行。退烟云是为美化和衬托画面而设计的图案。烟云有硬烟云与软烟云之分，做硬烟云均使用木尺画拉直线，其多用在建筑物的主要部位。

烟云与托子的色彩是：黑色烟云退红色托子，蓝色烟云退黄色托子，紫色烟云退绿色托子。退烟云要先准备老色，即调制好的黑烟子，氧化铁红（红土子），群青。烟云是由浅至深层层排列的，各浅色的色度都是由老色加兑适量白色而调成。

退烟云的步骤：

（1）用铅笔将烟云及烟云筒的轮廓，预先使用木尺画线，以便确定烟云及烟云筒在画面的具体位置，为下一步骤的退烟云提供便利。

（2）一般包袱烟云有五道、七道之分。退烟云时因为事先已刷好烟云及烟云筒的白色，所以可以直接退二道色（白色为一道色）。一般烟云每道色宽约1.5cm。退烟云筒时，烟云筒的两侧肩部要整齐，并逐步适当地收减，以达到近大远小的透视效果。退烟云的每一道色都要比前一道略窄，最后一道的颜色均为老色。

（3）在退第二道时同时退烟云筒，要将二道色退入筒内，然后在退老色时再将老色退于二道色上并退入筒内。

（4）退托子：在黑色烟云的托子上先退硝红色，硝红色退在托子里侧，其宽度占托子的1/2，最后退银朱色。银朱色沿烟云的沥粉贴金边线攒退，银朱色的宽度占硝红色的1/2。在蓝色烟云的托子上先退石黄色，石黄色退在托子里侧，其宽度占托子的1/2。最后退章丹色，章丹色沿烟云的沥粉贴金边线攒退，章丹色的宽度占石黄色的1/2。在紫色烟云的托子上先退三绿色，三绿色退在托子里侧，其宽度占托子的1/2。最后退砂绿色，砂绿色沿烟云的沥粉贴金边线攒退，砂绿色的宽度占三绿色的1/2。

3）画博古

博古是彩画中常用的画题。各种造型的青铜器与各种色彩的瓷器、书卷、画轴、笔砚、珍珠、玉翠、珊瑚、古币、盆景等均在博古的绘画中运用。博古在彩画中主要体现在枋头上，垫板也可通画，也可以在小池子中运用。

枋头格子线与博古的绘制：

（1）在枋头磨生油后，用铅笔或粉笔在地仗上起稿画格子线和博古等器物。格子线是以建筑物的明间为基准，以透视线的效果向两侧展开的。例如：在明间左侧的枋头，在其左侧立面的1/3处画竖线，沿至左上角45°为止，在其上部1/3处画横线，沿至左上角与竖线衔接于45°位置。摊画博古与器物时，应注意不能将博古等物顶至上部的沥粉的金线，以及压盖横竖格子线的衔接点，从而影响画面的视觉效果。另外，枋头处在仰视的位置，所以博古等其他物件也应画成仰视的效果。

（2）添格子色：首先掏底面的白色，应涂刷两遍，注意预留博古等轮廓位置。然后刷石山青色于立面的1/3位置，沿至上角45°为止。再刷深石山青色于上部1/3处，沿至角部与立面的石山青色衔接于45°的位置。

（3）画博古：即涂抹色彩，可采用油画静物写生的技法，使博古具有极强的质感和立体效果。在彩画中非常强调博古具有的沉重感与光线效果。

4）画找头花

找头花也称黑叶子花。找头花均画在绿色地上，所以叶子就不能画绿色叶，而画黑色叶子。找头花的绘画工艺：

（1）垛花头：在绿色地上将所要画的花用白色垛花头，花头的大小和数目的多少以构件的尺寸与找头的面积而定。

（2）垫色：在已垛好的花头上，按预先构思在已垫好白色的花头上部，垫染所要画花颜色的浅色，花头上部的浅色与下部的白色用水笔润开。例如：画红花垫硝红色，画大红花和黄花垫章丹色，画蓝花垫湖蓝色。

（3）过矾水：在已垫色的花头上涂刷已化开并加入胶的矾水。

（4）开花瓣：用深色勾花瓣。例如：在硝红色上用银朱开瓣，在大红色上用深红开瓣等。

（5）染花：即对花瓣的渲染，在花头上部的深暗处染重色，在下部染淡色，使花瓣渲染成鲜艳夺目并具有立体感的效果。

（6）点花蕊：在花芯部位点花蕊。

（7）画黑叶子：按传统绘画技法，找头花的枝干应从包袱线在额枋下部的位置出枝，枝干到卡子前部时折返，并与花头衔接。在花头四周及其他部位插叶。画叶子时，可将已蘸烟子的白云笔在笔尖处点蘸章丹色画叶，使叶子既有色彩的亮度又有色彩的变化。

（8）撕叶筋：在叶子未干透时，用硬尖物如"钉子"等撕画叶筋。

5）做汉瓦箍头

拍汉瓦的谱子与沥粉工序应在刷大色时提前完成。

（1）先在未刷色的箍头上，按明间上青色与下绿色，拍汉瓦箍头谱子。每个构件的檩、垫、枋都各拍一组，每组由两个卡子和一个汉瓦图案组成。青色的箍头心做硬卡子与汉瓦图案。绿色的箍头心做软卡子与汉瓦图案。

（2）按谱子沥软硬卡子与汉瓦图案的小粉。

（3）刷色：按明间上青下绿色，次间上绿下青色刷箍头。汉瓦如做攒退，则在绿箍头的汉瓦图案内刷青色，在青箍头的汉瓦图案内刷绿色。

（4）包黄胶：卡子按双线全包胶做片金。汉瓦图案如做攒退，则做局部包胶。汉瓦图案如做片金，则全部包胶。

（5）打金胶贴金的基本工艺参见油漆作。

6）做金琢墨倒里万字或倒里万字箍头

（1）做金琢墨倒里万字的施工流程（图16-5）

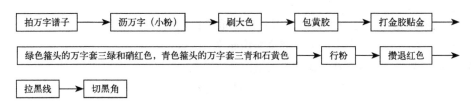

图 16-5 金琢墨倒里万字的施工流程图

（2）做金琢墨倒里万字箍头的施工流程（图16-6）

图 16-6 金琢墨倒里万字箍头的施工流程图

7）碾连珠

连珠均用在黑色的连珠带上。碾连珠的操作工艺：

（1）在青色与绿色箍头连珠带的位置，用香色与紫色碾连珠。各连珠之间略有空隙，连珠不能紧靠金线。另外，在檩枋的连珠应以檩枋与垫板的鞅角为准，由鞅角往上碾，垫板由鞅角往下碾，垫板的连珠应为整连珠。额枋碾连珠应由额枋上楞往下碾。箍头两侧连珠带的连珠应左右对称，大小均匀。香色与紫色的连珠均重二遍。

（2）在香色与紫色的头道连珠上，用石黄色与硝红色，在其上部碾二道珠，二道珠应小于头道的香紫色珠。二道珠也应左右对称，大小均匀。石黄色与硝红色的连珠均重二道色。

（3）在二道珠的上部碾白色珠，白色珠应左右对称，大小均匀。

8）画锦上添花

按设计要求，如果金琢墨苏画的连珠带位置做锦上添花，则在连珠带的位置刷白色（二道色）。做锦上添花的工艺步骤：

（1）在青色与绿色箍头的连珠带位置，用三绿色或三青色拉方格，方格子的竖线要紧靠金线。另外，在檩枋拉方格的横线时，应以檩枋与垫板的鞅角为准，由鞔角往上拉方格，垫板由鞔角往下拉方格，额枋与垫板的方格应为整方格，不能出现半个方格，箍头两侧的方格应左右对称，大小均匀，格子端正。然后，在带子的三绿色或三青色横竖线的交汇点上抹方形或圆形的角。

（2）在三绿色与三青色方格子的竖线并紧靠金线的位置拉砂绿与群青色线，然后在带子的三绿色与三青色上的中线位置拉砂绿与群青色的横线。

（3）用砂绿与群青色在每个三绿色或三青色的交汇点上攒方形或圆形的角。

（4）在白色的格内画花，花为八瓣，每瓣呈枣核形，称"枣花"。花瓣用章丹色点画，最后用绿色或黄色点花心。

9）画流云

流云有两种做法：一种为片金流云，一种为五彩流云。片金流云多用在殿式建筑上，五彩流云多用在苏式彩画中。五彩流云画在蓝色的部位上。其操做步骤：

（1）垛云：画流云不必起谱子，可在大致的位置用白云笔蘸白色画椭圆形的云，每四五个小云为一组大云，画多少大云以部位面积而定。大云的排列组合为上、下、上的形式，并由流云线连接，最后重二道白色。

（2）垫色：用硝红色、红色、三绿色、石黄色、粉紫色在每组大云中的小云下部间隔垫染，小云上部留白。

（3）开云纹：在各小云上，硝红色用红色，红色用深红色，三绿色用砂绿色，石黄色用章丹色认色开云纹，同时用各色开各大云之间的流云线。

10）做椽头彩画

（1）飞檐椽头：飞檐椽头有沥粉贴金的万字椽头或栀花椽头，做哪种按设计要求而定。其操作步骤：在椽头地仗上拍谱子，按谱子沥小粉。然后刷漆打金胶贴金。打金胶与贴金的基本工艺参见油漆作。

（2）老檐椽头：

寿字椽头：寿字椽头以构件做方形或圆形。有做沥粉贴金的寿字椽头，也有的做红寿字椽头。

百花椽头：在边框沥粉贴金的蓝色上画拆垛花。

福寿椽头：即在边框沥粉贴金的蓝色上部画蝙蝠，下部画两个桃子。

福庆椽头：即在边框沥粉贴金的蓝色上部画蝙蝠，下部画磬。

17. 拉黑绿

彩画中的黑色绿其主要是起齐金、齐色，增强色彩层次的作用。

（1）在两个相连接构件的鞔角处，如檩枋与垫板等相交处均拉黑色绿（使用2～3号并裁口的油画笔用墨拉直线）。

（2）在角梁与穿插枋头等构件的金老线的位置边拉黑色绿。

18. 压黑老

压黑老的作用是增加彩画层次，使图案更加整齐，格调更加沉稳。在额枋的两端，副箍头外侧，留底色（与晕色带同宽度或略宽）的一侧至鞔角处压黑老。

19. 做雀替

(1) 雀替的沥粉：雀替的外侧大边无沥粉，雕刻纹饰沥粉贴金，翘升和大边底面各段均沥粉，翘升部分的侧面在中部沥粉贴金做金老。

(2) 雀替的刷色：雀替的升固定为蓝色，翘固定为绿色，荷包固定为朱红漆，其弧形的底面各段分别由青绿色间隔刷色。靠升的一段固定为绿色，各段长度逐渐加大，靠升的部分如其中两段过短可将其合为一色。雀替的池子和大草其下部如有山石，则山石固定为蓝色。大草由青、绿、香、紫等色组成，池子的灵芝固定为香色，草固定为绿色，以上各色均纠粉。雀替的雕刻花纹的平面底地为朱红漆（此工序见油漆作）。

20. 做花活

花活彩画主要指运用在两个枋之间的花板部分的装饰，以及牙子、楣子、垂头。后者多运用在垂花门和小式建筑。

1）花板：花板彩画包括池子线内外两部分，线外部分为大线，雕刻部分的花纹均在池子线内部。做花板常见两种做法，两种做法的雕刻部位表现方式均有关联，一种是大边部位为大红的油漆边。池子线贴金，心内的雕刻以贴金为主，花纹的侧面涂刷大红色油漆。这种花板多以龙凤为主。另一种是花板雕刻以花草为主，多运用在垂花门，大边部分青绿两色以正中的花板大边为准，固定为蓝色。两侧的大边由绿青两色互换运用，靠池子一侧拉晕色与大粉。雕刻的花纹侧面部分均刷章丹色。

2）楣子：在吊挂楣子侧面均涂刷章丹色。吊挂楣子是由青绿红三色组成，步步锦楣子以正中间一组的大棱条为准，固定为蓝色，小楞条为绿色。两侧的楞条由青绿色交替运用。待干后在各楞条中间拉白色线。

3）牙子：牙子的侧面均涂刷章丹色。牙子放置在吊挂楣子的下部，其大边为贴平金做法。雕刻部分的花纹均在正面按类刷色，如梅花为白色垫底红色分染，花芯点黄色，竹与竹叶刷绿色，梗为赭石色，山石为群青色。以上的竹与竹叶、梗、山石在其各色上均用白色沿头部或一侧纠粉。

4）垂头：垂头有方圆两种，其做法为：

(1) 圆垂头为倒垂莲形，又称风摆柳，多瓣雕刻，各瓣均沿其外侧预留0.3～0.5mm沥单路粉做金边。多瓣色彩以青、香、绿、紫色按序排列，并认色拉晕。在贴金后，靠金线拉白粉，莲花瓣的束腰连珠为金连珠。

(2) 方垂头俗称"鬼脸"。雕刻部分的花纹做法同牙子，其大边沥单路粉做金边。

21. 打点活

是彩画绘制工程中多项工序已完成后最后一道必不可少的重要程序，是对彩画工程最后的检查和修理。在彩画绘制工程中，由于各种原因难免出现画错、遗漏、污染等情况，所以应对检查发现出的问题一一加以修正。其程序为自上而下用彩画原色修理，使颜色同需要修理的原色相一致。打点工作要认真负责，从而使绘制工作全部达到验收标准。

任务八　天花彩画施工工艺及流程

软式天花的施工工艺及流程见图16-7。

硬式天花的施工工艺及流程见图16-8。

1. 丈量

用盒尺对所要施工的天花板、支条等部件作实际测量并记录其名称、尺寸等。

2. 配纸

即拼接谱子纸，为下一步起谱子作准备。按构件实际尺寸即可，配纸要注明具体构件和具体名称等。

3. 起扎谱子

即在相应的配纸上用粉笔等摊画出大致的轮廓线，然后用铅笔等进一步细画出标线描图并扎孔。

4. 磨生过水

也称磨生油地（硬式天花），即使用砂纸打磨油作所钻过的并已经充分干透的天花板其油灰地仗表层。磨生的作用在于：一是磨去即将彩画施工地仗表层的浮尘与生油流痕和生油挂甲等物；二是使地仗表面形成细微的麻面，从而利于彩画颜料与沥粉牢固地附着在地仗表面。过水，即用净水布擦拭磨过生油的施工面，使其彻底擦掉磨痕和浮尘并保持洁净。无论磨生还是过水布，都应该做到无遗漏。

5. 上墙矾纸（硬式天花的做燕尾）

将高丽纸上口（约10mm）贴于木板或墙上，同时刷胶矾水。在纸未干透时将纸的另三条边刷胶（约10mm）封口贴于木板或墙上。

6. 拍谱子

（1）谱子对准天花板，用粉包（土布子）对谱子均匀地拍打，将纹饰复制在天花板上。

（2）做软式天花拍谱子于已上墙并干透的矾纸（包括做燕尾）。用粉包（蓝色土布子）对谱子均匀地拍打，将纹饰复制在纸上。

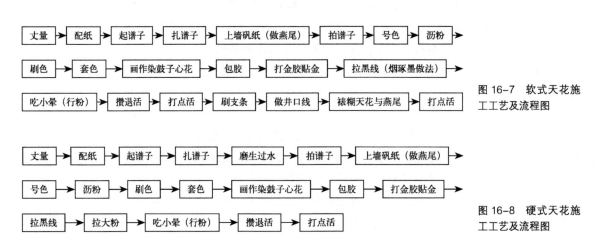

图 16-7　软式天花施工工艺及流程图

图 16-8　硬式天花施工工艺及流程图

7. 号色

按规则预先对额枋大木以及斗栱等各部位标示细部的颜色代码，用以指导彩画施工的刷色。颜色代码：一（米黄）、二（蛋青）、三（香色）、四（硝红）、五（粉紫）、六（绿）、七（青）、八（黄）、九（紫）、十（黑）、工（红）、丹（章丹）、白（白色）、金（金色）。

8. 沥粉

（1）沥大粉：根据谱子线路，如方鼓子线、圆鼓子线均使用粗尖沥双粉，即大粉。双尖大粉宽约 1cm，以天花大小而定。双线每条线宽约 0.4～0.5cm。

（2）沥小粉：金琢墨岔角云金鼓子心天花彩画的小粉量很大，凡是各心里均有繁密的纹饰，这些纹饰均沥小粉。小粉的口径约 2～3mm，以纹饰图案而定。

9. 刷色

待沥粉干后先将沥粉轻轻打磨，使其沥粉光顺无飞刺。先刷绿色，后刷青色。均按色码涂刷（使用 1～2 号刷子）。刷大色的规则：

（1）金琢墨岔角云金鼓子心天花：岔角云部分刷二绿色，大边部分刷砂绿色，鼓子心刷青色。

（2）烟琢墨岔角云金鼓子心天花：同上。

（3）金琢墨岔角云作染鼓子心天花：同上。

（4）烟琢墨岔角云作染鼓子心天花彩画：同上。

（5）燕尾彩画：燕尾由一个红色云与两个半个的黄色云和轱辘组成。黄色云外侧刷二青色，轱辘心刷青色。

（6）支条均刷绿色。

10. 套色

（1）在天花的各岔角云套色：用三青、三绿、黄、硝红（粉红）色添岔角云底色，岔角云的青绿色按逆时针的方向添色和攒退，即戗青顺绿。岔角的黄色与硝红色对角调换。

（2）套刷各类天花的金琢墨或烟琢墨的攒退龙、寿字、福字、四合云等的底色。

11. 画作染鼓子心花

1）花的绘制

（1）垛花头：在青色地上将所要画的花用白色垛花头，画花头的大小和数目的多少，以天花的尺寸与鼓子心的面积而定。

（2）垫色：在已垛的花头上垫白色的花头上部，垫染所要画花颜色的浅色。花头上部的浅色与下部的白色用水笔润开。例如：画红花垫硝红色，画大红花和黄花垫章丹色，画蓝花垫湖蓝色等。

（3）过矾水：在已垫色的花头上刷已化开并入胶的矾水。

（4）开花瓣：用深色勾花瓣。例如：在硝红色上用银朱开瓣，在大红色上用深红开瓣等。

（5）染花：即对花瓣的渲染，在花头上部的深暗处染重色，下部染淡色，使花瓣渲染成鲜艳夺目并具有立体感的效果。

（6）点花蕊：在花心部位点花蕊。

（7）画叶子：按传统规则，花的枝干应从下部的位置出枝并与花头衔接。在花头四周及其他部位插三绿色叶，用深绿色渲染。

（8）开叶筋：在叶子上画叶筋。

2）仙鹤的绘制

在青色地上拍仙鹤的谱子，用白色垫仙鹤与灵芝和桃子，用三绿色画仙鹤嘴与腿爪和叶子。然后套拍仙鹤的谱子，用褐色开仙鹤，用章丹色垫，红色染仙鹤头顶部的红色。用淡赭色渲染仙鹤羽毛。用墨色画仙鹤的眼和脖颈与翅膀外侧的黑色羽毛。用墨绿色开仙鹤嘴与腿爪。然后画灵芝和桃子。

12．包胶

包黄胶可阻止基层对金胶油的吸收，使金胶油更加饱满，从而确保贴金质量。包胶还为打金胶和贴金标示出打金胶及贴金的准确位置。包胶的部位包括：

（1）金琢墨岔角云金鼓子心的龙纹或龙凤纹。

（2）金琢墨岔角云金鼓子心的西番莲草等。

（3）天花的方圆鼓子。

（4）金琢墨岔角云的岔角。

（5）各类天花金琢墨的攒退龙、寿字、福字、四合云等的沥粉线。

（6）金琢墨燕尾的沥粉线和轱辘。

13．打金胶贴金（基本工艺参见油漆作）

14．拉黑线

（1）烟琢墨岔角云作染鼓子心天花彩画：用墨线拉方圆鼓子以及岔角云的云线。

（2）烟琢墨岔角云金鼓子心天花：用墨线拉岔角云的云线。

（3）烟琢墨燕尾：用墨线拉燕尾的云线以及开轱辘。

15．吃小晕

即行粉。在贴金后进行，靠沥粉贴金线里侧于小色之上，即三青、三绿、黄、硝红。用大描笔等蘸白色粉吃小晕。其作用为既齐金又增加了色彩的层次。吃小晕的部位包括：岔角云、各类天花的金琢墨或烟琢墨的攒退龙、寿字、福字、四合云等以及燕尾。

16．攒退活

主要是做岔角云以及各类天花的金琢墨或烟琢墨的攒退龙、寿字、福字、四合云等和燕尾。

（1）岔角云攒退：用青、砂绿、章丹、银朱认色攒退。岔角云的青绿色按逆时针方向添色攒退，即戗青顺绿。岔角的黄、硝红色对角调换并攒退。

（2）各类天花金琢墨或烟琢墨的攒退龙、寿字、福字、四合云等均认色攒退。

（3）燕尾攒退：用青、章丹、银朱认色攒色。

17. 打点活

是天花绘制工程中多项工序已完成后最后一道必不可少的重要程序，是对天花绘制工程最后的检查和修理，对检查发现的问题——加以修正，使彩画的绘制工作全部达到验收标准。

18. 刷支条

支条均刷绿色。

19. 做井口线

按规则做金琢墨天花支条均在井口线包胶贴金（打金胶贴金的基本工艺参见油漆作）。按规则做烟琢墨天花支条均在井口线拉黄色线。

20. 裱糊软天花与燕尾

将软天花与燕尾按井口与支条的尺寸裁剪。在软天花与燕尾的背面涂刷胶液，将软天花与燕尾对准井口与支条粘贴、压平。无论软天花的粘贴，还是安装硬天花都应注意天花的方向是否正确。

21. 打点活

同上"打点活"。

项目十七　古建筑彩画工程的计量

任务一　椽望彩画工程计量

椽望彩画工程施作面积以平方米计量。

飞椽头、檐椽头工程量按其施作面积：按其椽头竖向高度乘以檐头长度计算面积，其中硬山建筑应扣除墀头所占长度。

1. 椽望片金彩画

椽望片金彩画包括连檐、闸挡板、椽梳、隔椽板等附件在内的全部油漆及椽肚望板全部实施片金（一种颜色油饰底色扣地花饰、彩画中的椽肚花纹贴金）图案的沥粉贴金，但不包括椽子端头面彩画，明清式称为椽望片金彩画。

椽望片金彩画定额以其施作规格（油漆分档：沥粉刷颜料光油、沥粉刷醇酸磁漆；金箔分档：库金、赤金、铜箔）设项，椽望片金彩画按其施作规格及其面积，分别套用（明清）椽望片金彩画定额相应项目。

2. 椽肚或望板片金彩画

椽肚或望板片金彩画包括连檐、闸挡板、椽梳、隔椽板等附件在内的全部油漆及只对椽肚或者望板实施片金（一种颜色油饰底色扣地花饰、彩画中的椽肚或者望板花纹贴金）图案的沥粉贴金，但不包括椽子端头面彩画，明清式称为椽肚或望板片金彩画。

椽肚或望板片金彩画定额以其施作规格（按油漆种类分档：沥粉刷颜料光油、沥粉刷醇酸磁漆；贴金分档：库金、赤金、铜箔）设项，椽望片金彩画按其施作规格及其面积，分别套用（明清）椽肚或望板片金彩画定额相应项目。

3. 飞椽头、檐椽头片金彩画

飞椽头、檐椽头片金彩画为椽子端头面之彩画，包括飞椽头端面和檐椽头端面全部实施片金彩画，明清式称为飞椽头、檐椽头片金彩画。

飞椽头、檐椽头片金彩画定额以其施作规格（金箔分档：库金、赤金、铜箔；椽径分档：7cm 以下、12cm 以下、12cm 以上）设项，飞椽头、檐椽头片金彩画按其施作规格及其面积，分别套用（明清）飞椽头、檐椽头片金彩画定额相应项目。

4. 飞椽头片金、檐椽头金边画

椽头彩画为椽子端头面之彩画，只对飞椽头实施片金，而对其下面的檐椽头实施金边画作白花图、金虎眼、福寿图案，明清式称为飞椽头片金、檐椽头金边画。

飞椽头片金、檐椽头金边画定额以其施作规格（金箔分档：库金、赤金、铜箔；椽径分档：7cm 以下、12cm 以下、12cm 以上）设项，飞椽头片金、檐椽头金边画按其施作规格及其面积，分别套用（明清）飞椽头片金、檐椽头金边画定额相应项目。

5.飞椽头、檐椽头金边

对飞椽端头面和檐椽端头面均实施金边彩画（及扣油），明清式称为飞椽头、檐椽头金边。

飞椽头、檐椽头金边定额以其施作规格（金箔分档：库金、赤金、铜箔；椽径分档：7cm以内、12cm以下、12cm以上）设项，飞椽头、檐椽头金边按其施作规格及其面积，分别套用（明清）飞椽头、檐椽头金边定额相应项目。

若只做檐椽头或者只做飞檐头，按定额乘以0.5系数执行。

6.飞椽头、檐椽头黄（墨）

椽头彩画为椽子端头面之彩画，对飞椽头、檐椽头端面施画黄线或者是墨线，明清式称为飞椽头、檐椽头黄（墨）线。

飞椽头、檐椽头黄（墨）线定额以其施作规格（椽径分档：7cm以内、12cm以下、12cm以上）设项，飞椽头、檐椽头黄（墨）线按其施作规格及其面积，分别套用（明清）飞椽头、檐椽头黄线（墨）线定额相应项目。

若只做檐椽头或者只做飞椽头，按定额乘以0.5系数执行。

任务二　木构架彩画工程计量——上架大木、下架柱子及门窗、抱框

明式、清式彩画工程量按其施作面积以平方米计量。

1.明式彩画

明式彩画以旋子彩画为代表，是由元代同类彩画演变形成的，基础颜色是青色和绿色两大主色，很少使用红色，由金钱点金花枋心、金线点金素枋心、墨线点金和墨线无金构成，明清式称为明式彩画。

明式彩画定额以其施作规格（金线点金花枋心、金线点金素枋心、墨线点金和墨线无金）设项，明式彩画按其施作规格及其面积，套用明式彩画定额相应项目。

2.明式金线点金花枋心彩画

金线点金花枋心彩画为明代最高等级旋子彩画，其大线及花心均沥粉贴金、枋心内绘制图案，相似于清代的金线大点金彩画，称为明式金线点金花枋心彩画。

明式金线点金花枋心彩画定额以其施作规格（檐柱径分档：50cm以内、50cm以外；金箔分档：库金、赤金、铜箔）设项，明式金线点金花枋心彩画按其施作规格及其面积，分别套用明式金线点金枋心彩画定额相应项目。

3.明式金线点金素枋心彩画

金线点金素枋心彩画为明代较高等级旋子彩画，其大线及花心均沥粉贴金、枋心内无图案，相似于清代金线小点金彩画，称为明式金线点金素枋心彩画。

明式金线点金素枋心彩画定额以其施作规格（檐柱径分档：50cm以内、

50cm 以外；金箔分档：库金、赤金、铜箔）设项，明式金线点金素枋心彩画按其施作规格及其面积，分别套用明式金线点金素枋心彩画定额相应项目。

4.明式墨线点金彩画

墨线点金彩画为明代较低等级旋子彩画，其大线用墨线、花心均沥粉贴金，相似于清代墨线小点金彩画，称为明式墨线点金彩画。

明式墨线点金彩画定额以其施作规格（檐柱径分档：50cm 以内、50cm 以外；金箔分档：库金、赤金、铜箔）设项，明式墨线点金彩画按其施作规格及其面积，分别套用明式墨线点金彩画定额相应项目。

注：在和玺、旋子彩画中，于两箍头间其长度与梁枋高度相近，由八条弧线构成近圆（椭圆）画框界线。

5.明式墨线无金彩画

墨线无金彩画为明代最低等级旋子彩画，全部用墨线不贴金，枋心内无图，类似于清代雅伍墨彩画，称为明式墨线无金彩画。

明式墨线无金彩画定额以其施作规格（檐柱径分档：50cm 以内、50cm 以外）设项，明式墨线无金彩画按其施作规格及其面积，分别套用明式墨线无金彩画定额相应项目。

6.清式彩画

清式彩画不但继承了明代彩画的基本格局，并在其基础上发展和演变了和玺彩画，且使和玺彩画、旋子彩画、苏式彩画几种不同风格形式的彩画并存，成为中国古代建筑上最后一个高峰，明清式称为清式彩画。

清式彩画定额以其施作规格（和玺彩画、旋子彩画、苏式彩画）设项，清式彩画按其施作规格及其面积，分别套用（明清）清式彩画定额相应项目。

7.清式金琢墨和玺彩画

金琢墨和玺彩画有金龙和玺和五龙和玺彩画之称，贯套箍头，于枋心、藻头、盒子内绘制各种姿态龙的图案，并且沥粉贴金，是清代和玺彩画中最高等级的彩画，明清式称为清式金琢墨和玺彩画。

清式金琢墨和玺彩画定额以其施作规格（金箔分档：库金、赤金、铜箔；檐柱径分档：50cm 以内、50cm 以外）设项，清式金琢墨和玺彩画按其施作规格及其面积，分别套用（明清）清式金琢墨和玺彩画定额相应项目。

8.清式片金和玺彩画

片金和玺彩画有龙凤和玺彩画之称，于枋心、藻头、盒子内绘制各种姿态的龙或凤，并且调换构图。其箍头、圭线有两种做法，按不同做法进行计量计价。

清式片金和玺彩画工程量按其施作面积以平方米计量。

1）采用片金箍头、圭线带晕色者，明清式称为清式片金和玺彩画 1：

定额以其施作规格（金箔分档：库金、赤金、铜箔；檐柱径分档：50cm 以内、50cm 以外）设项。这种清式片金和玺彩画按其施作规格及其面积分别套用（明清）清式片金和玺彩画 1 定额相应项目。

2）采用素箍头、圭线不带晕色者，明清式称为清式片金和玺彩画2：

定额以其施作规格（金箔分档:库金、赤金、铜箔;檐柱径分档:50cm以内、50cm以外）设项,这种清式片金和玺彩画按其施作规格及其面积,分别套用（明清）清式片金和玺彩画2定额相应项目。

9. 清式金琢墨龙草和玺

清式金琢墨龙草和玺彩画的圭线带晕色，坐斗枋做攒退轱辘草，枋心、盒子内为片金龙，藻头为片金龙和攒退轱辘草调换构图，明清式称为清式金琢墨龙草和玺彩画。

清式金琢墨龙草和玺彩画定额以其施作规格（金箔分档：库金、赤金、铜箔；檐柱径分档：50cm以内、50cm以外）设项，清式金琢墨龙草和玺彩画按其施作规格及其面积，分别套用（明清）清式金琢墨龙草和玺彩画定额相应项目。

注：在工程彩画中，将浅青、浅绿刷于金线两侧，由浅至深。

10. 清式龙草和玺彩画

龙草和玺彩画的圭线不带晕色，其枋心、盒子内为片金龙，藻头为攒退草和片金龙调换构图，明清式称为清式龙草和玺彩画。

清式龙草和玺彩画定额以其施作规格（金箔分档：库金、赤金、铜箔；檐柱径分档：50cm以内、50cm以外）设项，清式龙草和玺彩画按其施作规格及其面积，分别套用（明清）清式龙草和玺彩画定额相应项目。

11. 和玺加苏画

和玺彩画与苏式彩画的枋心及盒子内的金龙和苏式彩墨画调换构图，明清式称为和玺加苏画。

和玺加苏画定额以其施作规格（金箔分档:库金、赤金、铜箔;檐柱径分档:50cm以内、50cm以外）设项，和玺加苏画按其施作规格及其面积，分别套用（明清）和玺加苏画定额相应项目。

12. 旋子彩画

旋子彩画是在历代（宋·碾玉装彩画；明·青绿彩画）旋子彩画基础上演变而成的，是清代官式彩画中的主要类别，主要有浑金旋子、金琢墨石碾玉旋子、烟琢墨石碾旋子、金线大点金旋子、金线小点金旋子、墨线大点金旋子、墨线小点金旋子、雅伍墨、雄黄玉等，明清式称为旋子彩画。

旋子彩画定额以其施作规格（金琢墨石碾玉、烟琢墨石碾玉、金线大点金、金线小点金、墨线大点金、墨线小点金、雅伍墨、雄黄玉）设项，旋子彩画按其施作规格及其面积，分别套用（明清）旋子彩画定额相应项目。

13. 清式金琢墨石碾玉旋子彩画

金琢墨石碾玉旋子彩画是旋子彩画中较高等级的彩画，其枋心、盒子内绘龙纹、凤纹、夔龙纹等纹饰，大线及旋花、栀花均贴金退晕，旋花心、栀花心及菱角地、宝剑头均沥粉贴金，明清式称为清式金琢墨石碾玉旋子彩画。

清式金琢墨石碾玉旋子彩画定额以其施作规格（金箔分档：库金、赤金、铜箔；檐柱径分档：50cm 以内、50cm 以外）设项，清式金琢墨石碾玉旋子彩画按其施作规格及其面积，分别套用（明清）清式金琢墨石碾玉旋子彩画定额相应项目。

14. 金线烟琢墨石碾玉旋子彩画

烟琢墨石碾玉旋子彩画的大线（箍头线、盒子线、皮条线、岔口线、枋心线）贴金退晕，旋花、栀花墨线退晕，旋花心、栀花心及菱角地、宝剑头均沥粉贴金。明清式称为金线烟琢墨石碾玉旋子彩画。

金线烟琢墨石碾玉旋子彩画定额以其施作规格（金箔分档：库金、赤金、铜箔；檐柱径分档：50cm 以内、50cm 以外）设项，金线烟琢墨石碾玉旋子彩画按其施作规格及其面积，分别套用（明清）金线烟琢墨石碾玉旋子彩画定额相应项目。

15. 清式金线大点金旋子彩画

大线贴金退晕，旋花、栀花墨线不退晕，旋花心、栀花心及菱角地、宝剑头均沥粉贴金。明清式称为清式金线大点金旋子彩画。

清式金线大点金旋子彩画定额以其施作规格（金箔分档：库金、赤金、铜箔；檐柱径分档：25cm 以内、50cm 以内、50cm 以外）设项，清式金线大点金旋子彩画按其施作规格及其面积，分别套用（明清）清式金线大点金旋子彩画定额相应项目。

16. 金线大点金加苏画

其枋心、盒子内画苏式彩墨画，大线贴金退晕，旋花、栀花墨线不退晕，旋花心、栀花心及菱角地、宝剑头均沥粉贴金，明清式称为金线大点金加苏画。

金线大点金加苏画定额以其施作规格（金箔分档：库金、赤金、铜箔；檐柱径分档：25cm 以内、50cm 以内、50cm 以外）设项，金线大点金加苏画按其施作规格及其面积，分别套用（明清）金线大点金加苏画定额相应项目。

17. 清式金线小点金旋子彩画（龙锦枋心）

大线贴金退晕，旋花、栀花墨线不退晕，旋花心、栀花心沥粉贴金，其枋心内纹饰以龙纹、锦纹为主，明清式称为清式金线小点金旋子彩画（龙锦枋心）。

清式金线小点金旋子彩画（龙锦枋心）定额以其施作规格（金箔分档：库金、赤金、铜箔；檐柱径分档：25cm 以内、50cm 以内、50cm 以外）设项，清式金线小点金旋子彩画（龙锦枋心）按其施作规格及其面积，分别套用（明清）清式金线小点金旋子彩画（龙锦枋心）定额相应项目。

18. 清式金线小点金旋子彩画（夔龙黑叶子枋心）

大线贴金退晕，旋花、栀花墨线不退晕，旋花心、栀花心沥粉贴金，其枋心为用杠子草画成程式化之龙纹图案者，明清式称为清式金线小点金旋子彩画（夔龙黑叶子枋心）。

清式金线小点金旋子彩画（夔龙黑叶子枋心）定额以其施作规格（金箔分档：库金、赤金、铜箔；檐柱径分档：25cm 以内、50cm 以内、50cm 以外）设项，清式金线小点金旋子彩画（夔龙黑叶子枋心）按其施作规格及其面积，分别套用（明清）清式金线小点金旋子彩画（夔龙黑叶子枋心）定额相应项目。

19.清式金线小点金旋子彩画（素枋心）

金线小点金旋子彩画（素枋心），其枋心不施画作只刷颜色，大线贴金退晕，旋花、栀花墨线不退晕，旋花心、栀花心沥粉贴金，明清式称为清式金线小点金旋子彩画（素枋心）。

清式金线小点金旋子彩画（素枋心）定额以其施作规格（金箔分档：库金、赤金、铜箔；檐柱径分档：25cm以内、50cm以内、50cm以外）设项，清式金线小点金旋子彩画（素枋心）按其施作规格及其面积，分别套用（明清）清式金线小点金旋子彩画（素枋心）定额相应项目。

20.清式墨线大点金旋子彩画（龙锦枋心）

清式墨线大点金旋子彩画（龙锦枋心）大线及旋花、栀花均为墨线不退晕，旋花心、栀花心及菱角地、宝剑头均沥粉贴金，其枋心内饰作龙纹、锦纹者，明清式称为清式墨线大点金旋子彩画（龙锦枋心）。

清式墨线大点金旋子彩画（龙锦枋心）定额以其施作规格（金箔分档：库金、赤金、铜箔；檐柱径分档：25cm以内、50cm以内、50cm以外）设项，清式墨线大点金旋子彩画（龙锦枋心）按其施作规格及其面积，分别套用（明清）清式墨线大点金旋子彩画（龙锦枋心）定额相应项目。

21.清式墨线大点金旋子彩画（素枋心）

其大线及旋花、栀花均为墨线不退晕，旋花心、栀花心及菱角地、宝剑头均沥粉贴金，其枋心不施作图案只刷颜色，清式称为清式墨线大点金旋子彩画（素枋心）。

清式墨线大点金旋子彩画（素枋心）定额以其施作规格（金箔分档：库金、赤金、铜箔；檐柱径分档：25cm以内、50cm以内、50cm以外）设项，清式墨线大点金旋子彩画（素枋心）按其施作规格及其面积，分别套用（明清）清式墨线大点金旋子彩画（素枋心）定额相应项目。

22.清式墨线小点金旋子彩画（素枋心）

墨线小点金旋子彩画（素枋心）大线及旋花、栀花均为墨线不退晕，旋花心、栀花心均沥粉贴金，其枋心不施作图案花纹只刷颜色者，清式称为清式墨线小点金旋子彩画（素枋心）。

清式墨线小点金旋子彩画（素枋心）定额以其施作规格（金箔分档：库金、赤金、铜箔；檐柱径分档：25cm以内、50cm以内、50cm以外）设项，清式墨线小点金旋子彩画（素枋心）按其施作规格及其面积，分别套用（明清）清式墨线小点金旋子彩画（素枋心）定额相应项目。

23.清式墨线小点金旋子彩画（夔龙枋心）

墨线小点金旋子彩画（夔龙枋心）大线及旋花、栀花均为墨线不退晕，旋花心、栀花心均沥粉贴金，其枋心施作用杠子草画成程式化之龙纹图案者，清式称为清式墨线小点金旋子彩画（夔龙枋心）。

清式墨线小点金旋子彩画（夔龙枋心）定额以其施作规格（金箔分档：库金、

赤金、铜箔；檐柱径分档：25cm以内、25cm以外）设项，清式墨线小点金旋子彩画（夔龙枋心）按其施作规格及其面积，分别套用（明清）墨线小点金旋子彩画（夔龙枋心）定额相应项目。

24.清式雅伍墨旋子彩画

清式雅伍墨旋子彩画是由明代墨线无金彩画演化而来，全部为墨线、不退晕、不贴金。是旋子彩画中较低等级的彩画，清式称为清式雅伍墨旋子彩画。

清式雅伍墨旋子彩画定额以其施作规格（枋心分档：夔龙黑叶子枋心、素枋心；檐柱直径分档：25cm以内、25cm以外）设项，清式雅伍墨旋子彩画按其施作规格及其面积，分别套用（明清）清式雅伍墨旋子彩画定额相应项目。

25.清式雄黄玉旋子彩画

雄黄玉旋子彩画是一种主要用于炮制祭品的建筑装饰彩画，多采用死盒子做法，以黄色调子做底色，用黑色勾绘主体框架线，旋花、栀花纹，衬托青绿旋花瓣和线条，均退晕，明清式称为清式雄黄玉旋子彩画。

清式雄黄玉旋子彩画定额以其施作规格（枋心分档：夔龙枋心、素枋心；檐柱直径分档：25cm以内、25cm以外）设项，清式雄黄玉旋子彩画按其施作规格及其面积，分别套用（明清）清式雄黄玉旋子彩画定额相应项目。

26.宋锦彩画

宋锦彩画为苏式彩画之艳称，由片金或攒退枋心和苏画枋心组成。片金或攒退枋心藻头饰锦纹，锦格内作染仙鹤、蝙蝠等，枋心及盒子内为片金或攒退图案；苏画枋心藻头饰锦纹，枋心、盒子内画山水、花鸟鱼虫等彩墨画。明清式称为宋锦彩画。

宋锦彩画定额以其施作规格（枋心分档：片金或攒退枋心、苏画枋心；金箔分档：库金、赤金、铜箔）设项，宋锦彩画按其施作规格及其面积，分别套用（明清）宋锦彩画定额相应项目。

27.苏式彩画

于清代中叶（乾隆时期）形成的苏式彩画，多用于皇家园林、庭院，其构图设色富有变化，色调清雅活泼，与幽静的庭院环境相映成趣，别具风格，明清式称为苏式彩画。

苏式彩画定额以其施作规格（金琢墨苏画、金线苏画、金线掐箍头搭包袱、金线掐箍头、金琢墨海墁苏画、黄线苏画）设项，苏式彩画按其施作规格及其面积，分别套用（明清）苏式彩画定额相应项目。

28.金琢墨苏式彩画

金琢墨苏式彩画分为两种做法：

（1）箍头、卡子、包袱、池子均在金线攒退，包袱线退晕层次多在七道以上，包袱内做窝金地彩墨画或点金彩墨画，明清式称为金琢墨苏式彩画1。定额以其施作规格（金箔分档：库金、赤金、铜箔；檐柱径分档：25cm以内、50cm以内、50cm以外）设项，按其施作规格及其面积，分别套用（明清）金琢墨苏式彩画1定额相应项目。

（2）其箍头、卡子、包袱、池子均在金线攒退，包袱线退晕层次多在七道以上，包袱内绘制一般彩墨画者，明清式称为金琢墨苏式彩画2。定额以其施作规格（金箔分档：库金、赤金、铜箔；檐柱径分档：25cm以内、50cm以内、50cm以外）设项，按其施作规格及其面积，分别套用（明清）金琢墨苏式彩画2定额相应项目。

29. 金线苏式彩画

金线苏式彩画箍头线、包袱线、枋心线、池子线、聚锦线均为沥粉贴金，包袱、池子、聚锦内绘制一般彩墨画者，明清式称为金线苏式彩画。

其定额以其施作规格（卡子分档：片金箍头卡子、片金卡子、色卡子；金箔分档：库金、赤金、铜箔；檐柱径分档：25cm以内、50cm以内、50cm以外）设项，金线苏式彩画按其施作规格及其面积，分别套用（明清）金线苏式彩画定额相应项目。

30. 金线海墁苏式彩画

金线海墁苏式彩画两箍头之间既无包袱、聚锦、池子、也无枋心，而是在青、绿、红三种底色上分别绘出流云、折枝黑叶子花、爬蔓植物花卉，在其两端靠托头部位可绘卡子，也可不绘卡子，明清式称为金线海墁苏式彩画。

金线海墁苏式彩画定额以其施作规格（卡子分档：有卡子、无卡子；金箔分档：库金、赤金、铜箔；檐柱径分档：25cm以内、25 cm以外）设项，金线海墁苏式彩画按其施作规格及其面积，分别套用（明清）金线海墁苏式彩画定额相应项目。

31. 金线掐箍头彩画

金线掐箍头彩画金线只画箍头，两箍头之间涂刷油漆，明清式称为金线掐箍头彩画。金线掐箍头彩画定额以其施作规格（按金箔分档：库金、赤金、铜箔；檐柱径分档：25cm以内、25cm以外）设项，金线掐箍头彩画按其施作规格及其面积，分别套用（明清）金线掐箍头彩画定额相应项目。

32. 金线掐箍头搭包袱彩画

金线掐箍头搭包袱彩画金线只画箍头包袱，藻头部分涂刷油漆，明清式称为金线掐箍头搭包袱彩画。金线掐箍头搭包袱彩画定额以其施作规格（按金箔分档：库金、赤金、铜箔；檐柱径分档：25cm以内、25cm以外）设项，金线掐箍头搭包袱彩画按其施作规格及其面积，分别套用（明清）金线掐箍头搭包袱彩画定额相应项目。

33. 黄线苏式彩画

黄线苏式彩画简称黄线苏画，包括黄线苏画、黄线掐箍头搭包袱苏画、黄线掐箍头苏画、黄线海墁苏画，其构图格式与相应的金线苏画相同，但不贴金，明清式称为黄线苏式彩画。黄线苏式彩画定额以其施作规格（檐柱径分档：25cm以内、25cm以外；画式分档：苏式彩画、有卡子海墁苏画、无卡子海墁苏画（掐箍头、掐箍头搭包袱））设项，黄线苏式彩画按其施作规格及其面积，分别套用（明清）黄线苏式彩画定额相应项目。

34. 斑竹彩画

斑竹彩画于构件表面绘出与构件平行的一排竹竿形纹饰，似由若干根竹竿拼攒形成，在梁枋等大型构件两端用细竹竿纹结合成箍头，在构件中部用细竹竿组合成盘长纹、福寿字等纹饰，意在模仿天然斑竹，追求自然之美，明清称为斑竹彩画。

斑竹彩画定额以其施作规格（金箔分档：库金、赤金、铜箔；檐柱径分档：25cm 以内、25cm 以外）设项，斑竹彩画按其施作规格及其面积，分别套用（明清）斑竹彩画定额相应项目。

斑竹彩画其椽望部分按木构架斑竹彩画定额乘以系数 2 执行，地仗仍执行椽望相应定额。

35. 浑金彩画

花雕、佛像、匾额心、藻井等大面积只有沥粉（包括沥粉、刷醇酸磁漆一道）贴一色金，而没有其他颜色油饰做法的彩画，明清式称为浑金彩画。

浑金彩画定额以其施作规格（金箔分档：库金、赤金、铜箔）设项，浑金彩画按其施作规格及其面积，分别套用（明清）浑金彩画定额相应项目。

36. 浅色彩画

浅色彩画为近代施工方法，不是按传统工艺操作施工，最后做一道压老、攒老，使用较深颜色，而是使用勾兑广告较艳丽浅色之彩画，明清式称为浅色彩画。

浅色彩画定额以其施作规格（金箔分档：库金、赤金、铜箔；画式分档：满金琢墨、金琢墨（素箍头、活枋心）、金琢墨（素箍头、素枋心）、局部贴金、无金）设项，浅色彩画按其施作规格及其面积，分别套用（明清）浅色彩画定额相应项目。

37. 上架油漆地片金苏画

上架油漆地片金苏画为近代施工方法，在上架构件油漆表面上仿照苏式彩画的格式做片金图案、不刷色，明清式称为上架油漆地片金苏画。

上架油漆地片金苏画定额以其施作规格（金箔分档：库金、赤金、铜箔；画式分档：掐箍头藻头包袱、掐箍头搭包袱、掐箍头苏画）设项，上架油漆地片金苏画按其施作规格及其面积，分别套用（明清）上架油漆地片金苏画定额相应项目。

38. "软做法" 彩画

彩画采取绘制在高丽纸上，再贴到地仗上的施工方法，明清式称为软做法彩画。软做法彩画工程量按其施作面积以平方米计量。

木构架彩画每平方米增加高丽纸 1.2 张；天花支条彩画每平方米增加高丽纸 0.8 张；井花井口板彩画每平方米增加高丽纸 1 张。

39. 雀替彩画

以彩色涂绘雀替装饰的金边金龙彩画、金边金琢墨彩画、金边攒退彩画、金边纠粉彩画、黄边攒退和黄边纠粉彩画，包括绘制彩画、贴金全部工作内容，明清式称为雀替彩画。

雀替彩画工程量按其施作面积：以露出长乘以全高计算面积。

雀替彩画定额以其施作规格（彩画分档：金边金龙彩画、金边金琢墨彩画、金边攒退彩画、金边纠粉彩画、黄边攒退彩画、黄边纠粉彩画；金箔分档：库金、赤金、铜箔）设项，雀替彩画按其施作规格及其面积，分别套用（明清）雀替彩画定额相应项目。

任务三　斗栱彩画工程计量

1．斗栱彩画

用彩色涂绘斗栱的斗、升、昂、翘的装饰，包括金琢墨彩画、平金彩画、墨线彩画、黄线彩画的调兑颜料，按图谱分层涂绘及金琢墨、平金彩画的熬制、涂刷金胶油、贴金（赤金、铜）箔及搭拆防风帐，明清式称为斗栱彩画。

斗栱彩画工程量按其施作展开面积以平方米计量。

斗栱彩画定额以其施作规格（彩画分档：金琢墨彩画、平金彩画、墨线彩画、黄线彩画；斗口分档：6cm以内、8cm以内、8cm以外；金箔分档：库金、赤金、铜箔）设项，斗栱彩画按其施作规格及其面积，分别套用（明清）斗栱彩画定额相应项目。

2．斗栱掏里刷色

于斗栱的栱、升、枋的背面涂刷调兑颜料，包括砂纸打磨、清理尘灰、调兑颜料、分层涂刷，明清式称为斗栱掏里刷色。

斗栱掏里刷色定额以其施作面积设项，斗栱掏里刷色按其施作面积，套用（明清）斗栱掏里刷色定额相应项目。

斗栱彩画包括栱翘眼扣银朱油，不包括掏里部分刷色及盖斗板、垫栱板油漆彩画。掏里刷色、盖斗板油漆、垫栱板油漆彩画另执行相应定额。

3．斗栱板彩画

在斗栱背面下方呈三角形位置的地仗上按传统工艺操作规程分层施工的龙凤片金彩画、三宝珠彩画、佛梵字彩画、无图案彩画、莲花现佛无金彩画，宋式称为栱眼壁彩画，明清式称为垫栱板彩画。

垫栱板彩画定额以其施作规格（彩画分档：龙凤片金彩画、三宝珠彩画、佛梵字彩画、无图案彩画、莲花现佛无金彩画；斗口分档：6cm以内、8cm以内、8cm以外；金箔分档：库金、赤金、铜箔）设项，垫栱板彩画按其施作规格及其面积，分别套用（明清）垫栱板彩画定额相应项目。

任务四　天花彩画工程计量

井口板彩画工程量按其施作面积（按井口枋里皮围成的水平面积计算，扣除梁枋所占面积）以平方米计量。

1. 井口板金琢墨岔角云

井口天花彩画方圆之内、圆光之外四角旋子彩画花瓣退晕者，明清式称为井口板金琢墨岔角云。

井口板金琢墨岔角云定额以其施作规格（圆光彩画分档：金琢墨及片金鼓子心、作染鼓子心、五彩龙鼓子心；金箔分档：库金、赤金、铜箔；圆光直径分档：50cm 以内、50cm 以外）设项，井口板金琢墨岔角云按其施作规格及其面积，分别套用（明清）井口板金琢墨岔角云定额相应项目。

2. 井口板烟琢墨岔角云

井口天花彩画方圆之内、圆光之外四角旋子彩画石碾用墨线者，明清式称为井口板烟琢墨岔角云。

井口板烟琢墨岔角云定额以其施作规格（圆光彩画分档：片金鼓子心、作染攒退鼓子心、五彩龙鼓子心；金箔分档：库金、赤金、铜箔；圆光直径分档：50cm 以内、50cm 以外）设项，井口板烟琢墨岔角云按其施作规格及其面积，分别套用（明清）井口板烟琢墨岔角云定额相应项目。

3. 井口板六字真言

井口天花彩画方圆之内，于圆光之内嵌绘转轮藏六字真言，明清式称为井口板六字真言。

井口板六字真言定额以其施作规格（圆光彩画分档：带朔火、不带朔火；金箔分档：库金、赤金、铜箔；圆光直径分档：50cm 以内、50cm 以外）设项，井口板六字真言按其施作规格及其面积，分别套用（明清）井口板六字真言定额相应项目。

4. 井口板无金彩画

井口天花彩画没有一点用金量的彩色墨线涂绘之装饰，明清式称为井口板无金彩画。

井口板无金彩画定额以其施作规格（圆光彩画分档：作染及攒退鼓子心、五彩龙鼓子心、六字真言鼓子心；圆光直径分档：50cm 以内、50cm 以外）设项，井口板无金彩画按其施作规格及其面积，分别套用（明清）井口板无金彩画定额相应项目。

5. 支条燕尾

天花支条相交处之彩画，明清式称为支条燕尾。

支条燕尾工程量按其施作面积同上。

支条燕尾定额以其施作规格（彩画分档：金琢墨燕尾、烟琢墨燕尾、无金燕尾；金箔分档：库金、赤金、铜箔；圆光直径分档：50cm 以内、50cm 以外）设项，支条燕尾按其施作规格及其面积，分别套用（明清）支条燕尾定额相应项目。

6. 支条刷色井口线贴金

支条除正面燕尾以外的两侧向涂刷颜色及井口边沿线贴金，明清式称为支条刷色、井口线贴金。

支条燕尾工程量按其施作面积同上。

支条刷色、井口板贴金定额以其施作规格（金箔分档：库金、赤金、铜箔）设项，支条刷色、井口板贴金按其施作规格及其面积，分别套用（明清）支条刷色、井口板贴金定额相应项目。

7. 刷支条、码井口线

支条除正面燕尾以外的两侧向涂刷颜色及码井口线，明清式称为刷支条、码井口线。

支条燕尾工程量按其施作面积同上。

刷支条、码井口线定额以其施作面积设项，刷支条、码井口线按其施作面积，分别套用（明清）刷支条码井口线定额相应项目。

8. 新式金琢墨天花

现代的彩画工作者依据历代彩画用色和花纹的演变，创作出多种新式图案，按新式图案描绘的金琢墨天花，明清式称为新式金琢墨天花。

新式金琢墨天花定额以其施作规格（金箔分档：库金、赤金、铜箔；圆光直径分档：50cm 以内、50cm 以外）设项，新式金琢墨天花按其施作规格及其面积，分别套用（明清）新式金琢墨天花定额相应项目。

9. 新式金线方圆鼓子心天花

现代的彩画工作者依据历代彩画用色和花纹的演变，创作出多种新式图案，按新式图案描绘的金线方圆鼓子心天花，明清式称为新式金线方圆鼓子心天花。

新式金线方圆鼓子心天花定额以其施作规格（金箔分档：库金、赤金、铜箔；圆光分档：50cm 以内、50cm 以外）设项，新式金线方圆鼓子心天花按其施作规格及其面积，分别套用（明清）新式金线方圆鼓子心天花定额相应项目。

10. 灯花

灯花相似于欧洲吸顶灯顶棚周围所作的彩画。明清式称为灯花。

灯花定额以其施作规格（彩画分档：金琢墨灯花、灯花局部贴金一、灯花局部贴金二、灯花沥粉无金；金箔分档：库金、赤金、铜箔）设项，灯花定额按其施作规格及其面积，分别套用（明清）灯花定额相应项目。

11. 墙边彩画（切活）

于设有画框的室内墙饰画和廊子心描绘的彩色图画，而后拉线齐边刷边框，明清式称为墙边彩画（切活）。

墙边彩画（切活）定额以其施作（切活）设项，墙边彩画（切活）按其施作面积，分别套用（明清）墙边彩画（切活）定额项目。

12. 墙边拉线

于墙边刷色，或者墙边彩画作切活者，均需要齐边，齐边者，先拉线方能整齐，明清式称为墙边拉线。

墙边拉线工程量按其施作长度以米计量。

墙边拉线定额以其施作规格（材料分档：油线、水线）设项，墙边拉线按其施作规格及其长度，分别套用（明清）墙边拉线定额相应项目。

13. 墙边刷浆

于墙边刷色拉线红粉，或者"包金土"（深米黄色）包括除浆底、找泥子、喷浆成活，明清式称为墙面刷浆。

墙面刷浆工程量按其施作面积（分别按内外墙抹灰面积）以平方米计量。

墙面刷浆定额以其施作规格（颜色分档：刷红浆、刷米黄浆）设项，墙面刷浆按其施作规格及其面积，分别套用（明清）墙面刷浆定额相应项目。